YR AFON A'R GRAIG

CEUBYLLAU AFONYDD CYMRU

DEWI ROBERTS • HYWEL GRIFFITHS • STEPHEN TOOTH

Argraffiad cyntaf: 2022
ⓗ testun a lluniau: Dewi Roberts, Hywel Griffiths, Stephen Tooth
Cydnabyddir cyfraniadau eraill lle bo'n briodol yn y testun.

Cedwir pob hawl.
Ni chaniateir atgynhyrchu unrhyw ran o'r cyhoeddiad hwn,
na'i gadw mewn cyfundrefn adferadwy, na'i drosglwyddo
mewn unrhyw ddull na thrwy unrhyw gyfrwng, electronig,
electrostatig, tâp magnetig, mecanyddol, ffotogopïo,
recordio, nac fel arall, heb ganiatâd ymlaen llaw gan
y cyhoeddwyr, Gwasg Carreg Gwalch, 12 Iard yr Orsaf,
Llanrwst, Dyffryn Conwy, Cymru LL26 0EH.

Rhif Llyfr Safonol Rhyngwladol:
978-1-84527-856-4

Cyhoeddwyd gyda chymorth Cyngor Llyfrau Cymru

Dylunio'r clawr a thu mewn: Eleri Owen

Cyhoeddwyd gan Wasg Carreg Gwalch,
12 Iard yr Orsaf, Llanrwst, Dyffryn Conwy, Cymru LL26 0EH.
Ffôn: 01492 642031
e-bost: llyfrau@carreg-gwalch.cymru
lle ar y we: www.carreg-gwalch.cymru

Argraffwyd a chyhoeddwyd yng Nghymru

CYNNWYS

Cyflwyniad 5

Adran 1 Geomorffoleg Ceubyllau 7

Adran 2 Ecoleg Ceubyllau 27

Adran 3 Ceubyllau a Hanes 41

Adran 4 Ceubyllau a Chelfyddyd 55

Adran 5 Enghreifftiau Rhyngwladol o Geubyllau 65

Adran 6 Ceubyllau ac Iechyd 79

Adran 7 Ymweld â Cheubyllau Cymru 89

Adran 8 Geirfa 105

Adran 9 Darllen Pellach ac Adnoddau Ar-Lein 111

Adran 10 Awgrymiadau am Weithgareddau Addysgol 119

Diolchiadau a Bywgraffiadau 126

CYFLWYNIAD

Gwlad o fynyddoedd, bryniau, dyffrynnoedd a thir isel arfordirol yw Cymru, gwlad o rwydweithiau afonydd syfrdanol a thlws. Mae afonydd, eu dyffrynnoedd a'u dalgylchoedd yn aml yn diffino eu hardaloedd yn ddaearyddol ac yn ddiwylliannol – ardaloedd fel Dyffryn Banwy a Dyffryn Conwy, er enghraifft. Yn uwchdiroedd Cymru yn benodol, mae cyfuniad o ddyodiad uchel (glaw ac eira), tirwedd serth, a brigiadau o greigwely caled yn golygu bod rhaeadrau, geirw a cheunentydd ymhlith rhai o nodweddion amlycaf y tirlun afonol. Mae nifer o'r nodweddion yma yn ddigon adnabyddus, yn aml yn safleoedd poblogaidd iawn gydag ymwelwyr, ac weithiau wedi eu lleoli o fewn parciau cenedlaethol neu ardaloedd gwarchodedig eraill. Ar hyd yr afonydd yma, fodd bynnag, mae yna nodweddion sydd yr un mor hudolus, ond sydd ddim yn cael eu gwerthfawrogi i'r fath raddau. Yn y llyfr hwn, rydym yn canolbwyntio ar geubyllau afonol: tyllau lled-grwn wedi eu herydu i mewn i'r graig sy'n ffurfio gwelyau a glannau afon. Ceir hyd i geubyllau ac amrywiaeth o ffurfiau cerfiedig naturiol cysylltiedig yn hydoedd uchaf afonydd Cymru, wedi eu ffurfio mewn creigwely caled ond hefyd weithiau yn hydoedd y tiroedd is, wedi eu ffurfio mewn gwaddodion meddalach fel clai. Ein nod yw codi ymwybyddiaeth o arwyddocâd ceubyllau ar gyfer datblygiad tirweddau, ecoleg a chymdeithas, fel eu bod hwythau hefyd yn cael eu hystyried fel rhan bwysig o'n treftadaeth naturiol a diwylliannol, sy'n haeddu ein parch a'n gwarchodaeth.

Rydym yn dechrau trwy edrych ar wyddoniaeth ceubyllau ac yn darparu trosolwg o'r prosesau geomorffolegol sydd ynghlwm â'u ffurfiant a'u datblygiad, a'u cysylltiadau gyda ffurfiau fel rhaeadrau, geirw a cheunentydd (Adran 1). Rydym wedyn yn ymdrin ag ecoleg ceubyllau gan drafod sut mae amrywiaeth o fywyd gwyllt yn eu defnyddio, a rhai o'r ffyrdd y mae gweithgareddau pobl yn amharu ar ecoleg naturiol (Adran 2). Mae afonydd yn gyffredinol yn nodwedd o'r dirwedd sydd yn atyniadol iawn i bobl ac rydym yn amlinellu hanes, straeon a chwedlau sy'n gysylltiedig â cheubyllau (Adran 3) ac yn rhoi ambell enghraifft o sut mae artistiaid a sgwennwyr wedi ymateb i geubyllau a ffurfiau cysylltiedig (Adran 4). Gan edrych y tu hwnt i Gymru, rydym yn trafod enghreifftiau o geubyllau ym mhedwar ban byd i ddangos arwyddocâd naturiol a diwylliannol y ffurfiau yma (Adran 5). Rydym hefyd yn trafod pwysigrwydd ceubyllau ar gyfer iechyd corfforol ac iechyd meddwl (Adran 6).

Mae gweddill yr adrannau wedyn yn darparu gwybodaeth ac adnoddau pellach. Rydym yn rhestru enghreifftiau o leoliadau yng Nghymru lle ceir hyd i geubyllau, ac yn awgrymu teithiau posib (Adran 7) Fel canllaw i derminoleg ceubyllau ac afonydd a all fod yn anghyfarwydd i ddarllenwyr, rydym yn darparu geirfa (Adran 8). Rydym hefyd yn awgrymu darllen pellach ac adnoddau ar-lein (Adran 9) a gweithgareddau addysgol posib y gellid eu gwneud yn ymwneud â cheubyllau a ffurfiau cysylltiedig (Adran 10).

Nid yw'r llyfr hwn yn dweud popeth sydd i'w ddweud am geubyllau afonol, ond ein gobaith yw y bydd yn fan cychwyn, ac yn codi cwr y llen ar eu bydoedd hudolus. Rydym yn hoffi meddwl am geubyllau a ffurfiau cysylltiedig fel cerfluniau naturiol, gwaith celf sy'n cael ei greu yn wastadol gan weithrediad dŵr a gwaddod yn pasio dros y graig, a'n gobaith yw y bydd eraill yn dod i rannu a datblygu'r persbectif yma.

Afon Elan ger Pont ar Elan, Powys (HG).

ADRAN 1

• GEOMORFFOLEG CEUBYLLAU •

Gwythiennau'r tir yw systemau afonol i bob pwrpas, yn cludo dŵr, gwaddodion a maethion o'r tir uchel i'r tir is. Wrth wneud hyn mae afonydd yn siapio'r tir, yn cynnal systemau ecolegol yn ogystal ag amrywiaeth o weithgareddau pobl.

Mae'r datganiadau syml yma yn cuddio'r ffaith bod nodweddion systemau afon yn gallu amrywio'n fawr. Yn aml, gwahaniaethir rhwng afonydd sy'n llifo dros graig solet ('afonydd creigwely') ac afonydd sy'n llifo trwy fwd, tywod neu raean ('afonydd llifwaddodol'). Yn draddodiadol, mae gwyddonwyr sy'n arbenigo mewn astudio prosesau a ffurfiau afonol ('geomorffolegwyr afonol') wedi tueddu i ystyried afonydd creigwely ac afonydd llifwaddodol fel afonydd sy'n sylfaenol wahanol i'w gilydd o ran cymeriad, gydag afonydd creigwely yn cael eu siapio'n bennaf gan gryfder y graig, ac afonydd llifwaddodol yn cael eu siapio'n bennaf gan lif y dŵr a phrosesau cludo gwaddodion.

Mewn gwirionedd, fodd bynnag, nid yw'r gwahaniaeth mor syml â hynny. Ar draws y byd, mae gan afonydd nodweddion afonydd creigwely ac afonydd llifwaddodol. Yn yr afonydd yma – afonydd 'creigwely-llifwaddodol cymysg' yw'r enw gorau arnyn nhw – mae'n bosibl y bydd rhai hydoedd afon yn cynnwys haen denau o dywod a graean dros ben y graig, a'r graig, i bob pwrpas, fydd yn ffurfio gwely neu lannau'r afon. Yn y mathau yma o afonydd, gall cyfuniad o gryfder y graig, llif dŵr a phrosesau cludo gwaddodion greu cerfluniau naturiol hardd a chymhleth. Ceubyllau afon yw rhai o'r ffurfiau cerfiedig mwyaf trawiadol – pantiau crwn, mwy neu lai, wedi eu herydu i'r graig sy'n ffurfio gwely neu lannau'r afon. Mewn rhai lleoliadau, gall ceubyllau hefyd gael eu herydu i glogfeini mawr, ansymudol sydd wedi disgyn i'r sianel o lethrau serth. Trwy gyfrannu at erydiad cynyddol y graig, gall ceubyllau chwarae rhan allweddol o greu rhai o olygfeydd afonol mwyaf gwerthfawr y byd, gan gynnwys rhaeadrau, geirw a cheunentydd, ond gallant hefyd helpu i greu cynefineodd ecolegol, ysbrydoli artistiaid a sgwennwyr, a bod yn sail ar gyfer chwedlau. Gall y golygfeydd afonol yma ddenu ymwelwyr o bell ac agos, a chreu amgylcheddau lle gallwn wella ein lles corfforol a meddyliol.

Mae enghreifftiau gwych o geubyllau a'r golygfeydd afonol cysylltiedig ar afonydd Cymru. Mae afonydd yn traenio ardaloedd eang o'r uwchdiroedd fel Eryri, y Berwyn, Mynyddoedd Cambria, Bannau Brycheiniog a Mynyddoedd y Preseli, ac mae'r afonydd yma yn llifo trwy ddyffrynnoedd dwfn a serth, ac yn disgyn yn gyflym tuag at y tiroedd is arfordirol gweddol gul (Ffigur 1.1). Mae nifer o afonydd yn tueddu i fod yn afonydd creigwely neu greigwely-llifwaddodol cymysg yn eu hydoedd uwch, ac yn newid i nodweddion mwy llifwaddodol ymhellach i lawr yr afon. Mae afonydd eraill yn newid yn ôl ac ymlaen ar eu hyd o greigwely i greigwely-llifwaddodol cymysg, gan ailadrodd y patrwm nifer o weithiau ar eu taith o'r tarddiad tua'r arfordir. Oherwydd hyn, mae enghreifftiau trawiadol o geubyllau, rhaeadrau, geirw a cheunentydd i'w gweld ar hyd llawer o afonydd Cymru (Ffigur 1.2 ac 1.3), ond mae ceubyllau yn benodol yn dal i fod yn ffurfiau braidd yn ddieithr i lawer, ac yn aml nid yw eu pwysigrwydd ecolegol, neu ddiwylliannol, yn y tirlun yn cael y sylw dyledus.

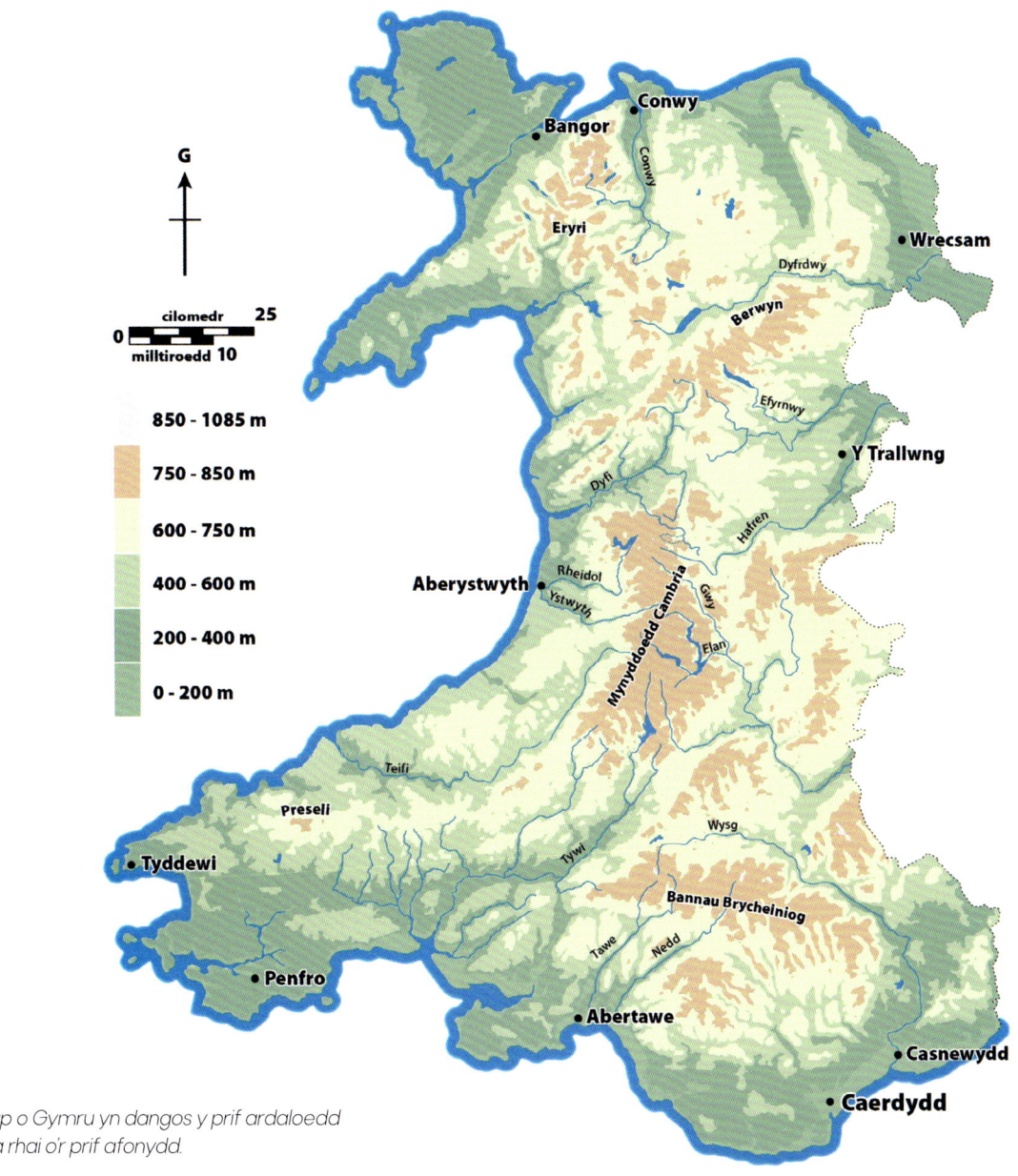

Ffigur 1.1: Map o Gymru yn dangos y prif ardaloedd o dir uchel a rhai o'r prif afonydd.

Ffigur 1.2: Afon Irfon yng Nghamddwr Bleiddiaid, Abergwesyn, Powys (DR).

Ffigur 1.3: Sgwd Ddwli, Afon Nedd Fechan, Powys (DR).

Nod yr adran hon yw amlinellu rhywfaint o geomorffoleg ceubyllau. Gan ddefnyddio enghreifftiau o Gymru a thu hwnt rydym yn gofyn nifer o gwestiynau. Beth yn union yw ceubyllau afon, ac oes yna fathau eraill o geubyllau? Sut mae ceubyllau afon yn ffurfio a datblygu dros amser? Pa mor gyflym mae ceubyllau'n datblygu, a pha mor hen allan nhw fod? Sut mae datblygiad ceubyllau'n perthyn i ffurfiant rhaeadrau, geirw a cheunentydd? Mae angen ychydig o wybodaeth dechnegol er mwyn ateb rhai o'r cwestiynau yma, a byddwn yn cyflwyno hyn trwy ddiagramau cysyniadol a disgrifiadau. Nid oes angen deall popeth er mwyn mwynhau'r adrannau sydd i ddod yn y llyfr, ond credwn y gall yr atebion helpu i werthfawrogi pwysigrwydd ecolegol a diwylliannol ehangach ceubyllau.

BETH YW CEUBYLLAU AFON?

Er bod ceubyllau yn nodweddion cyffredin ar sawl afon creigwely a chreigwely-llifwaddodol cymysg ar draws y byd, does dim un diffiniad cyffredin o'r term Saesneg ('pothole'). Serch hynny, tra bod y diffiniadau a geir mewn cyhoeddiadau gwyddonol yn amrywio o ran manylion, maent i gyd yn pwysleisio prif nodweddion ceubyllau, gan gynnwys eu cysylltiad â llif tyrfol, y ffaith eu bod wedi eu herydu i'r creigwely, a'u siapiau sydd fwy neu lai yn siâp cylch.

Yn Gymraeg, mae 'ceubwll', 'ceudwll' neu 'trodwll' yn dermau y gellid eu defnyddio, ac rydym wedi penderfynu defnyddio 'ceubwll' yma. Yn y Saesneg, defnyddir 'pothole' yn fwyaf cyffredin, a dyma'r term sydd efallai yn fwyaf adnabyddus ar gyfer disgrifio'r nodweddion yma, ond defnyddir rhai termau eraill yn Ynysoedd Prydain a thu hwnt. Er enghraifft 'rock mill', 'churn hole', 'eddy mill', 'scour hole', 'rumbling hole', 'swirlhole', 'kettle' a 'tolmen' (yn benodol o bosib am enghraifft yng Nghernyw). Yn aml mae yna amrywiaeth o enwau am y ffurfiau yma mewn ieithoedd ar draws y byd. Er enghraifft yn Ne Affrica, yn Afrikaans, 'kolkgat' (lluosog: 'kolkgate') yw'r enw am geubyllau afon. Mewn cyhoeddiadau gwyddonol defnyddir 'kolk' yn dechnegol i olygu fortecs o ddŵr sy'n codi'n fertigol. Trwy gysylltu hyn gyda 'gat' (twll), mae'r enw'n cyfleu'r fortescau tyrfol sy'n rhannol gyfrifol am ffurfio'r ceubyllau (gweler 'Sut mae ceubyllau afon yn ffurfio a datblygu' a hefyd Adran 5).

Mae'r ffaith bod nodweddion creigwely eraill, nad sydd yn gysylltiedig â gweithgaredd afon hefyd yn cael eu galw'n geubyllau (neu 'potholes' yn Saesneg) yn gallu drysu'r sefyllfa. Mae'r rhain yn cynnwys tyllau siâp silindr sydd i'w gweld ar greigwely ar yr arfordir lle mae tonnau a'r llanw'n erydu ('ceubyllau morol'), yn ogystal â thyllau sydd i'w cael ar arwyneb rhewlifoedd sy'n symud yn araf neu'n ymchwyddo, lle mae toddiant a grymoedd gwasgedd a thyniant hefyd ar waith. Yng ngogledd America, mae tyllau sydd weithiau o dan ddŵr mewn tirweddau rhewlifol, tirwedd o bonciau, yn cael eu galw'n 'prairie potholes'. Mae'r enw 'pothole' hefyd yn cael ei ddefnyddio ar gyfer tyllau sydd wedi eu cerfio i greigwely ond sydd ymhell o ddylanwad afonydd, y môr neu rewlifoedd, ond sy'n deillio o brosesau hindreulio (gan law, haul, rhew a gwynt ar arwynebau creigwely agored). Mae'r tyllau hindreulio yma yn cael eu galw'n 'potholes' yn rhannau o dde orllewin yr Unol Daleithiau, ond mewn rhannau eraill o'r Unol Daleithiau ac mewn gwledydd eraill, gelwir y nodweddion yma yn 'tinaias', 'gnammas', basnau craig a thyllau hydoddiant.

Ar wahân i'r tyllau naturiol yma, mae'r gair 'pothole' neu amrywiadau ohono yn cael ei ddefnyddio ar gyfer amrywiaeth eang o nodweddion a gweithgareddau. Yn Ynysoedd Prydain a rhai gwledydd eraill mae 'potholing' yn weithgaredd hamdden ac yn gamp sy'n golygu archwilio ogofeydd, tra bod 'pothole' yn Saesneg eto, yn golygu tyllau mewn ffyrdd. Er mwyn gwahaniaethu gyda 'kolkgate' mae gan Afrikaans air gwahanol ar gyfer y tyllau yma yn y ffordd, - 'slaggate' (o'i gyfieithu – twll gwrthdrawiad, neu dwll marwolaeth) - arwydd o pa mor beryglus ydyn nhw!

SUT MAE CEUBYLLAU AFON YN FFURFIO A DATBLYGU?

Mae'r cwestiwn o sut mae ceubyllau'n ffurfio a datblygu wedi poeni gwyddonwyr ers dros ganrif. Weithiau, gall ceubyllau ffurfio mewn clai meddal ond cydlynys, ond maent yn llawer mwy cyffredin ar greigiau caled, gan gynnwys creigiau igneaidd (e.e. basalt, gwenithfaen), metamorffig (e.e. cwartsit, haenithfaen) a gwaddodol (e.e. twodfaen, siâl). Mae gwyddonwyr yn gytûn yn gyffredinol bod ffurfiant ceubyllau yn deillio o lifanu, malu a llyfnhau'r creigwely yma gan ronynnau gwaddod (tywod a graean yn bennaf) sy'n chwyrlïo mewn pantiau bychain, bas i ddechrau o dan ddylanwad trolifau tyrfol mewn llif afon cyflym (Ffigur 1.4). Mae ceubyllau'n amrywio o rai bychain iawn (centimetrau) i rai mawr iawn (sawl metr), sy'n awgrymu bod ceubyllau bychain yn tyfu dros amser, gan ffurfio ceubyllau mawr yn y pen draw.

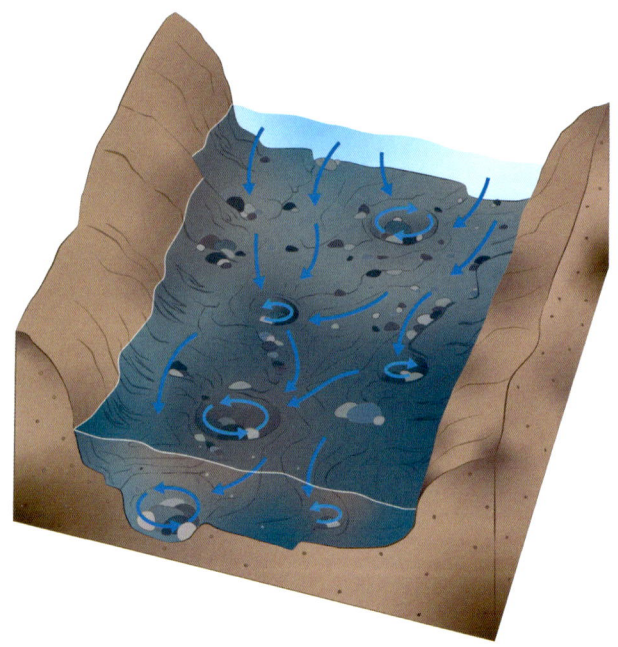

Ffigur 1.4: Diagram yn dangos ceubyllau o feintiau a siapiau amrywiol ar wely afon, yn cael eu heffeithio gan lif tyrfol.

Er gwaetha'r cytundeb cyffredinol yma, mae ffurfiant a datblygiad ceubyllau yn dal i fod yn bynciau ymchwil ysgolheigaidd, ac mae data, gwybodaeth a dealltwriaeth newydd yn cael eu cynhyrchu'n gyson. Yn gyffredinol, gellir ystyried bywyd ceubwll fel cylchred sy'n cynnwys tri chyfnod. Gallwn alw'r cyfnodau yma yn enedigaeth, twf a chrebachiad.

1. Genedigaeth

Mae'r cyfnod cyntaf yma yn cyfeirio at sefydlu'r pantiau bach cychwynnol ar arwynebau creigwely neu glogfeini ansymudol sy'n cael eu heffeithio gan lif afon. Mae amrywiaethau yn yr arwynebau creigwely, neu arwynebau clogfeini, sydd bron yn llyfn i gychwyn, yn gallu bodoli o ganlyniad i graciau neu gymalau (Ffigur 1.5), neu yn deillio o ddeiliogrwydd (gogwydd blaenoriaethol) mineralau mewn creigiau igneaidd neu fetamorffig, neu'r haenau mewn creigiau gwaddodol. Gall erydiad anhafal ddigwydd mewn dŵr sy'n llifo'n gyflym, gan arwain at ymdoniadau mewn arwynebau creigwely (Ffigur 1.5), efallai gyda blociau bychain o greigwely yn cael eu symud o ganlyniad i amrywiaethau gwasgedd yn y llif sy'n pasio dros ben, neu dyllau bychain yn cael eu creu gan drywaniad graean yn cael eu cludo ar gyflymder uchel. Gall y pantiau cychwynnol yma amrywio o ran siâp a maint, ond unwaith y maen nhw wedi eu ffurfio maent yn darparu ardal lle gall trolifau tyrfol gael eu creu, a lle gall gronynnau gwaddod sy'n cael eu cludo gael eu dal, dros dro o leiaf. Dros amser, bydd y dŵr a'r gwaddod sy'n chwyrlïo yn y pantiau yn arwain at erydiad pellach o'r creigwely, yn enwedig lle mae'r gwaddodion sydd wedi eu dal yn fath o graig galetach na'r math o graig lle mae'r ceubwll yn ffurfio. Ar lawer o afonydd Cymru, er enghraifft, mae gronynnau cwarts sydd wedi eu cludo o frigiadau yn uwch i fyny'r afon yn galetach na'r creigiau sy'n ffurfio gwely a glannau'r afon yn is i lawr, ac felly gallant achosi erydiad sylweddol. I bob pwrpas, mae afonydd yn defnyddio dŵr a gwaddod fel arfau i ledaenu a dyfnhau'r pant cychwynnol, ac yn drilio tyllau mewn creigwely solet. I ddechrau, efallai bydd gan y pant sydd wrthi'n tyfu siâp hemisffer (hynny yw hanner cylch) ond dros amser, os yw'n dechrau ffurfio siâp tebycach i silindr, gellid dweud bod ceubwll wedi ei eni (Ffigur 1.6).

Ffigur 1.6: Ceubwll nodweddiadol wedi ei ddatblygu mewn creigiau gwenithfaen ger Rhaeadr Augrabies ar Afon Oren, gorllewin De Affrica. Mae ceubyllau yn aml yn dechrau fel nodweddion bychain, siâp hanner cylch (gweler rhan chwith y llun) ond wrth iddyn nhw dyfu maent yn datblygu siapiau tebycach i silindr (canol) neu esblygu i ffurfiau cerfiedig eraill fel rhigolau. Mae gwaddod yn symud i mewn ac allan o'r ceubwll mewn llifodd tyrfol iawn (ST).

2. Twf

Mae cyfnod twf ceubwll yn cyfeirio at ddatblygiad y siapiau tebycach i silindr sydd wir yn haeddu'r term 'ceubwll' (Ffigur 1.6). Er mwyn i'r ceubwll allu datblygu, mae'n rhaid i gyfradd y dyfnhau fod yr un mor gyflym, neu'n gyflymach na chyfradd erydiad ar y greigwely sydd o gwmpas. Os nad yw hyn yn wir, yna bydd y ceubwll yn mynd yn fwy bas dros amser a gall ddifflannu'n llwyr o ganlyniad i erydiad (Ffigur 1.7).

Mae'r ceubyllau sy'n dyfnhau ynghynt na chyflymder erydiad ar y creigwely o'u cwmpas felly yn goroesi ac yn tyfu dros amser, trwy ddyfnhau a lledaenu. Mae mesuriadau o feintiau ceubyllau o Gymru a thu hwnt yn dangos bod llawer o geubyllau yn tueddu i ddyfnhau ar

Ffigur 1.5: Ardaloedd anwastad ar arwyneb o greigwely basalt, wedi ei erydu gan lifogydd, a allai fod yn fan cychwyn ar gyfer ceubyllau: Afon Vaal ger Parys, De Affrica. Cyfeiriad y llif oedd chwith i dde (ST).

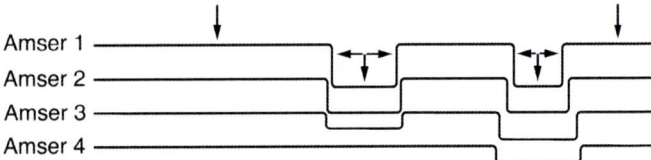

Ffigur 1.7: Diagram cysyniadol (uchaf) yn dangos twf ceubwll lle mae erydiad gwely'r sianel afon ar yr arwynebau o gwmpas y ceubwll yn gyflymach na chyflymder dyfnhau'r ceubwll. Dros amser, mae hyn yn arwain at golli'r ceubyllau (chwith) neu bod y ceubwll yn mynd yn fwy bas dros amser (dde). Enghraifft o geubwll wedi ei erydu i greigiau gwenithfaen ar Afon Oren ger Rhaeadr Augrabies, gorllewin De Affrica (isaf). Tra bod hi'n ymddangos bod y ceubwll yn tyfu o hyd, mae erydiad o'r graig o gwmpas y ceubwll hefyd yn amlwg, felly dros amser gallai'r ceubwll yma fynd yn fwy bas, neu ddiflannu (ST).

gyfradd rhywbeth yn debyg i'r gyfradd y maent yn lledaenu, ac mae hyn yn adrodd cyfrolau am y prosesau sy'n gyfrifol am ddatblygiad ceubyllau. Mae astudiaethau hydrolig yn awrgrymu bod llif sy'n dod i mewn i geubyllau yn troelli o gwmpas waliau'r ceubwll i ddechrau, cyn codi allan o ganol y ceubwll fel trolif, neu 'kolk' (gweler y diffiniad uchod). Ond y ffactor allweddol yw'r gwaddodion sy'n cael eu cludo gan y llif. Er mwyn caniatáu i geubwll ddyfnhau, rhaid i'r creigwely ar lawr y ceubwll gael ei erydu (gweler y darn llwyd ar Ffigur 1.8). Mae hyn yn awgrymu bod cylchdroad gronynnau gwaddodion mawr ar lawr y ceubwll (llwyth gwely) yn bwysig o ran erydiad (Ffigurau 1.2, 1.6 ac 1.7). Gelwir y gronynnau yma yn 'grinders' yn Saesneg ('llifanwyr'). Ond er mwyn galluogi i ledaenu ddal i ddigwydd, mae'n rhaid i fwy a mwy o greigwely gael ei erydu o'r ardal gynyddol o waliau'r ceubwll (gweler yr ardal gwyn ar Ffigur 1.8). Mae hyn yn awgrymu bod erydiad yn digwydd trwy ffyrdd eraill, gan gynnwys trwy'r gwaddod sy'n dod i mewn i'r ceubwll ac yn chwyrlïo o gwmpas waliau'r ceubwll i lawr tua'r llawr, yn ogystal â'r gwaddodion sydd ynghrog yn y llif sy'n troelli ar ymylon y ceubwll (llwyth crog neu lwyth sy'n sboncio ar hyd wely'r afon). Mae'r gwaddodion hyn sy'n troelli o dro i dro yn taro yn erbyn waliau'r ceubwll, gan arwain dros amer at lyfnhau neu sgleinio, fel defnyddio papur tywod, sy'n cael gwared â'r creigwely bob yn dipyn. Mae waliau a lloriau llyfn y ceubwll yn tystio i effeithlonrwydd y broses.

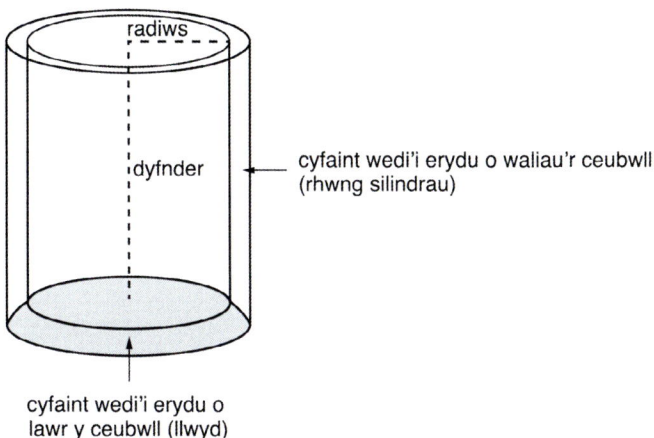

Ffigur 1.8: Diagram o dwf ceubwll, yn dangos ffurf siâp silindr sy'n tyfu dros amser. Mae erydiad cydamserol gwely a llawr ceubwll yn achosi i radiws y ceubwll (ac felly lled) a'i ddyfnder i gynyddu. Mae geometri 3-D y ceubwll siâp silindr yn golygu bod y cynnydd mewn lled yn cyfrannu mwy i'r cyfaint o graig a symudir ymaith gan erydiad (Ffynhonnell: Symleiddiwyd o Springer, G.S, Tooth, S. a Wohl, E.E. (2005). Dynamics of pothole growth as defined by field data and geometrical description. Journal of Geophysical Research: Earth Surface, 110: F04010).

Mae'r disgrifiadau yma o symudiad gwaddodion mewn ceubyllau yn symleiddio patrymau sy'n gymhleth iawn mewn gwirionedd. Er enghraifft, mae arbrofion maes ar geubyllau yng Nghymru, pryd y gosodwyd cerigos yn fwriadol mewn ceubyllau, wedi dangos patrymau cymhleth o waddodion yn mynd i mewn i geubyllau ac allan yn ôl i wely'r afon yn ystod llifoedd tyrfol, a vise versa (Ffigur 1.9).

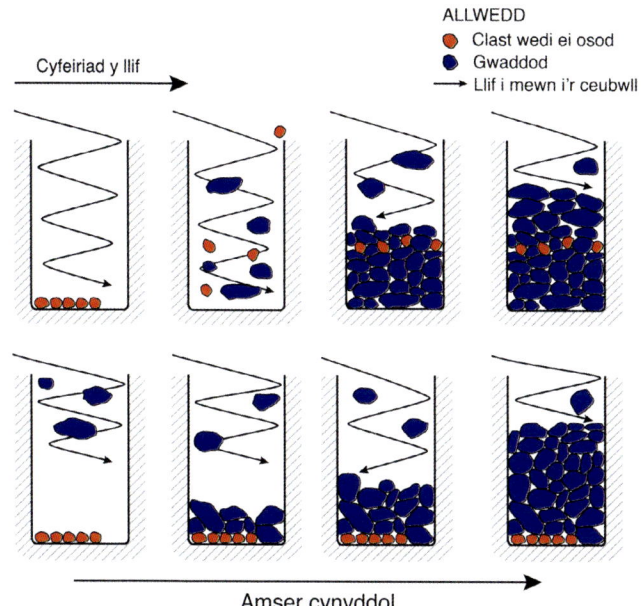

Ffigur 1.9: Diagram cysyniadol yn dangos sut all gronynnau gwaddod ymddwyn o dan ddylanwad trolifau llifoedd tyrfol mewn ceubwll. Dangosir llif yn mynd i mewn i'r ceubwll yn fan hyn ond gall llifoedd droelli allan o'r ceubwll hefyd. Yn y sefyllfa ar lefel uwch y diagram, mae'r fortecs sy'n dod i mewn yn cyrraedd llawr y ceubwll, yn codi'r gronynnau, a thros amser caiff rhai eu symud allan o'r ceubwll. Mae gwaddodion eraill yn dod i mewn i'r ceubwll dros amser, gan gladdu'r gwaddodion a roddwyd yno fel rhan o'r abrawf hanner ffordd i fyny. Yn y sefyllfa ar waelod y diagram, nid yw'r fortecs yn cyrraedd llawr y ceubwll, ac felly ni chodir y gwaddodion i'r llif. Wrth i waddodion eraill ddod i mewn i'r ceubwll, claddir y gwaddodion a osodwyd yno fel rhan o'r abrawf. (Ffynhonnell; Addaswyd o Richardson, J. (2013). Controls on the location, development and significance of bedrock reaches on the middle River Rheidol, west Wales. Traethawd MPhil heb ei gyhoeddi, Prifysgol Aberystwyth, 306 pp.).

Mae cymhlethdodau yn y patrwm twf delfrydol a ddangosir yn Ffigur 1.8 yn gallu digwydd. Nid yw ceubyllau afon yn silindr perffaith yn aml, ar afonydd yng Nghymru nac ym mhedwar ban byd. Mae ymchwilwyr wedi deall ers talwm bod amrywiadau o'r siâp silindr yn codi o ganlyniad i amryw o ffactorau, gan gynnwys nodweddion y creigiau, cymhlethdodau llif afon a chludiant gwaddodion, prosesau erydiad creigwely eraill, a rhyngweithiadau rhwng ceubyllau.

Er enghraifft, gall nodweddion cynhenid creigiau, fel amrywiaethau ym mineralau creigiau igneaidd, deiliogrwydd o fewn creigiau metamorffig, neu haenau o fewn creigiau gwaddodol arwain at amrywiaethau ar raddfa fach yng ngwytnwch y creigwely i erydiad. Gall craciau, toriadau neu gymalau hefyd arwain at amrywiaethau mewn gwytnwch i erydiad. Ar sawl afon creigwely a chreigwely-llifwaddodol cymysg yng Nghymru, fel mewn llefydd eraill, mae llawer o geubyllau yn dangos tystiolaeth o ddyfnhau neu ledaenu dewisol ar hyd darnau lleiaf gwydn y graig, gan arwain at siapiau hirgrwn, eliptigol neu ffurfiau eraill aflunaidd (Ffigur 1.10).

Ffigur 1.10: Enghreifftiau o geubyllau hirgrwn a hirgul ar hydoedd uwch Afon Tywi, ffin Powys/Ceredigion. Mae cyfeiriad y llifogydd o'r chwith i'r dde a gellir gweld bod y ceubyllau wedi tyfu'n ddewisol mewn cyfeiriad lletraws i lawr yr afon (DR).

Gall amrywiaethau eraill o'r siâp silindr ddeillio o gymhlethdodau llif afon a chludiant gwaddodion. Mewn llif afon tyrfol, gall groynnau sy'n cael eu cludo fod yn cyfnewid rhwng y llwyth gwely a'r llwyth crog yn barhaus (Ffigur 1.9). Gall gronynnau mwy o faint ddod i mewn i'r ceubwll ynghrog yn y llif, gan daro ar waliau'r ceubwll a chyfrannu at erydiad y wal a lledaenu'r ceubwll wrth iddynt droelli am i lawr, efallai, ond gallant wedyn barhau i droelli o gwmpas llawr y ceubwll ac achosi'r llawr hwnnw i ddyfnhau. Ond mae'r sefyllfa'n gymhleth, oherwydd os oes gormod o waddod ar lawr y ceubwll, gall atal gwaddodion rhag cylchu o gwmpas, a chladdu'r creigwely, a gwarchod y llawr rhag effeithiau gwaddodion eraill, gan atal dyfnhau'r ceubwll dros dro (Ffigurau 1.9 ac 1.11). Mewn sefyllfa felly, bydd erydiad yn digwydd fwyaf ar waliau'r ceubwll ymhell uwchlaw'r llawr. Os yw'r gwaddodion yma yn cael eu symud yn ddiweddarach (e.e. o ganlyniad i fortecsau cryfach a all ddatblygu mewn llifogydd mwy), gall siapiau afreolaidd y wal ddod i'r amlwg (Ffigur 1.12).

Ffigur 1.11: Ceubwll wedi ei erydu i greigiau gwenithfaen ar Afon Sabie ym Mharc Cenedlaethol Kruger, dwyrain De Affrica. Mae'r ceubwll wedi ei lenwi bron gan gerigos a choblau. Gall y gwaddod sy'n is i lawr aros yn ansymudol i raddau helaeth, hyd yn oed mewn llifogydd mawr, ac felly mae'n gwarchod gwely'r ceubwll rhag erydiad i bob pwrpas (ST).

Ffigur 1.12: Ceubwll wedi ei erydu i greigiau gwenithfaen ar Afon Vaal, De Affrica. Mae gwaddod wedi cael ei symud o'r ceubwll gan lifogydd diweddar, gan ddod â waliau afreolaidd, a cheubwll sy'n culhau gyda dyfnder i'r amlwg (ST).

Ffigur 1.13: Enghreifft o geubwll wedi ei erydu mewn craig gwartsit ar Afon Vaal, De Affrica. Roedd y ceubwll tua 30 cm o ddyfnder i ddechrau, ond o ganlyniad i symudiad blociau o graig ar hyd llinellau cymalau neu doriadau, o rannau o waliau'r ceubwll mae'r dyfnder wedi hanneru (ST).

Ffigur 1.14: Enghraifft o geubyllau wedi erydu mewn creigiau cwartsit ar Afon Vaal, De Affrica, sydd wedi cyfuno trwy symud blociau o graig ar hyd llinellau cymalau neu doriadau. Cedwir dŵr yn y ceubwll dyfnach (dde isaf). Mae ceubwll eilaidd, llai wedi ffurfio ar lawr y ceubwll mwy bas (canol) (ST).

Ffigur 1.15: Enghraifft o geubyllau wedi eu cyfuno o dan ddŵr Afon Efyrnwy, Powys (DR).

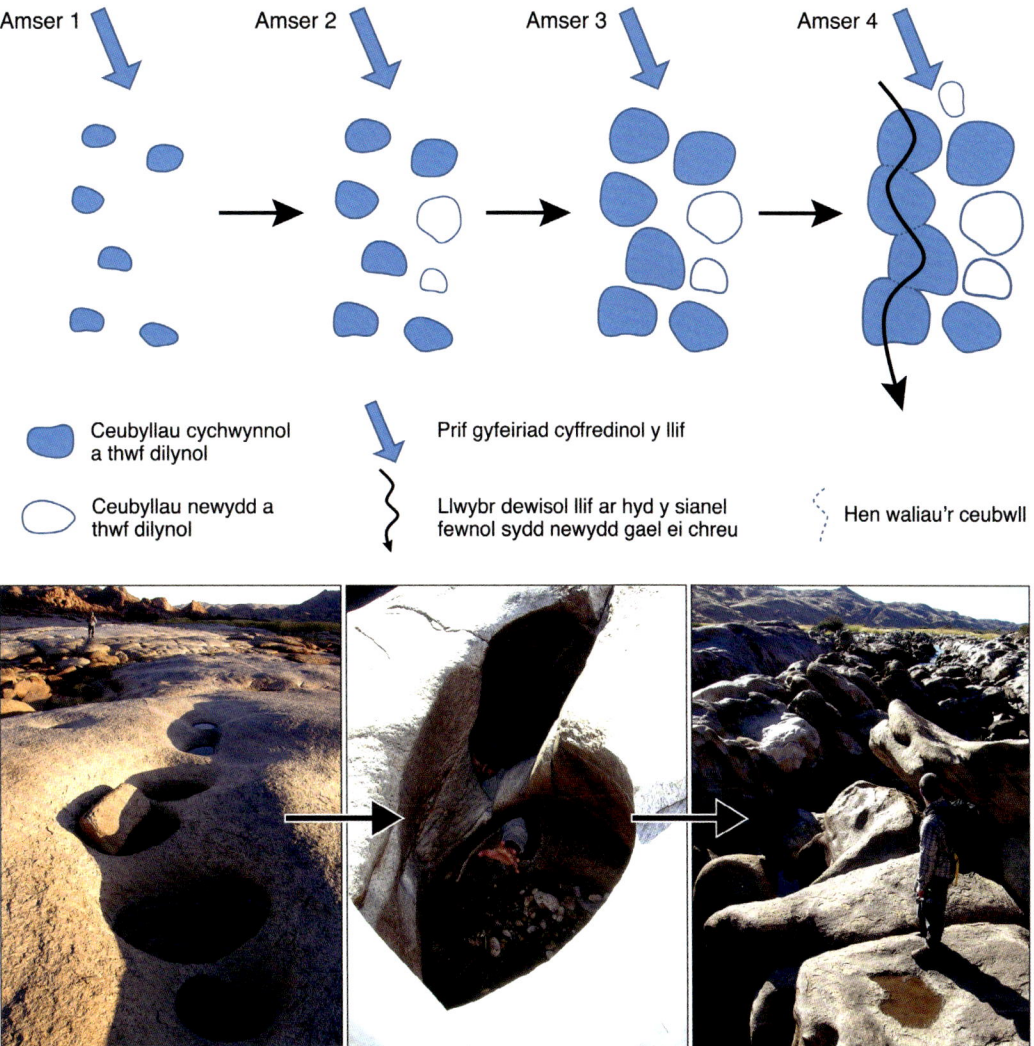

Ffigur 1.16: Diagram cysyniadol (uchaf) a ffotograffau (isaf) yn dangos sut all twf ceubyllau arwain at gyfuniad dros amser, ac at ffurfiant llwybr dewisol ar gyfer dŵr yn y pen draw ar hyd 'ceunant mewnol' sydd wedi ei gerfio trwy'r graig wydn. Mae'r ffotograffau o hydoedd isaf Afon Oren, wedi eu herydu i greigiau gwenithfaen ar y ffin rhwng De Affrica a Namibia (mae cyfeiriad y llif i ffwrdd o'r camera: chwith) ceubyllau unigol yn agos at ei gilydd yn amrywio o ran dyfnder a lled; canol) ceubyllau unigol dyfnach, lletach sydd wedi dechrau cyfuno trwy erydu waliau'r ceubwll; dde) cyfuniad sylweddol nifer o geubyllau, fel ei bod yn anodd adnabod ceubyllau unigol (ST).

Gall prosesau eraill erydiad creigwely arwain at amrywiadau o siâp silindr. Fel arfer, mae ceubyllau yn datblygu o ganlyniad i sgrafelliad, gronynnau unigol o greigwely yn cael eu symud o ganlyniad i effeithiau llwyth gwely (llifanu, sgleinio), neu lwyth sy'n neidio ar hyd gwely'r afon neu sydd ynghrog yn y llif. Mewn rhai achosion, fodd bynnag, gall blociau o graig gael eu herydu yn gyfan, ar hyd llinellau cymalau neu doriadau, o waliau'r ceubwll neu arwynebau cyfagos o ganlyniad i blicio yn ystod llifogydd (Ffigur 1.13). Gall plicio ddinistrio ceubyllau cychwynnol neu fychain yn llwyr ond o gwmpas ceubyllau mwy, gall arwain at symud darnau uwch waliau'r ceubwll, ac felly at leihau dyfnder y ceubwll yn syth – rhywbeth a ellid ei alw yn 'dwf ataliedig'. Mewn sefyllfaoedd eraill, efallai mai rhan yn unig o rannau uchaf waliau'r ceubwll a symudir, gan arwain at geubwll ag ymyl sy'n amrywio o ran uchder (Ffigur 1.13). Wrth symud rhannau o waliau ceubwll gall plicio hefyd arwain at gyfuno dau geubwll drws nesaf at ei gilydd, gan arwain at geubwll cymhleth sy'n symud hyd yn oed ymhellach o'r siâp silindr delfrydol (Ffigurau 1.14 a 1.15).

3. Crebachiad

Mae cyfnod crebachu ceubwll yn cyfeirio at golled siâp unigol y ceubwll. Fel y nodwyd uchod, gall plicio gyfrannu at golled neu aflunio siâp y ceubwll yn ystod genedigaeth neu dwf, ond gall y ceubyllau hynny sydd wedi cyrraedd aeddfedrwydd grebachu un ai yn rhannol neu yn llwyr. Dros amser mae ceubyllau unigol yn tyfu, yn dyfnhau ac yn lledaenu, ac weithiau'n cyfuno gyda cheubyllau yn ymyl ac yn ffurfio ceubyllau cyfansawdd mwy (Ffigurau 1.14 a 1.15). Yn gynnar yn y broses gyfuno, efallai y bydd siâp y ceubwll yn cael ei gynnal (Ffigur 1.12) ond gall cyfuniad pellach gyda cheubyllau ychwanegol arwain at golled rhannau helaeth o waliau'r ceubwll a cholli nodweddion cynhenid y ceubwll (Ffigur 1.16).

PA MOR GYFLYM MAE CEUBYLLAU'N FFURFIO A PHA MOR HEN ALLAN NHW FOD?

Yn y rhan fwyaf o lefydd ar draws y byd, nid oes llawer o wybodaeth am gyfradd twf nac oed ceubyllau. Mewn rhai llefydd, ymddengys eu bod wedi datblygu'n gyflym iawn. Er enghraifft, yn y Channeled Scablands yng ngogledd orllewin yr Unol Daleithiau, ymddengys bod ceubyllau mawr, hyd at 30 m o led a 5 m o ddyfnder wedi datblygu yn ystod llifogydd catastroffig ar ddiwedd yr Oes Iâ ddiwethaf (gweler Adran 5). Ar raddfeydd amser mwy diweddar, mae datblygiad cyflym hefyd wedi digwydd. Ar hyd Afon Upper Ukak, Alaska, datblygodd ceubyllau 4-6 m o led a 2-3 m o ddyfnder yn sydyn mewn creigiau gwaddodol (tywodfaen a cherrig silt) yn dilyn echdoriad folcanig ym 1912 a wnaeth newid llwybr gwreiddiol yr afon, ac ar Afon Indrayani, India, datblygodd ceubyllau 1 m o led a 1.3 m o ddyfnder mewn sianeli a wnaed gan bobl mewn basalt, dros gyfnod o 60 mlynedd (gweler darllen pellach yn Adran 9). Yn yr achosion yma felly, mae ceubyllau un ai wedi ffurfio ar unwaith, neu mae cyfraddau dyfnhau a lledaenu wedi bod yn fwy nac ychydig filimetrau y flwyddyn.

Yn y mwyafrif o afonydd yng Nghymru a thu hwnt, fodd bynnag, mae gweld cyfraddau twf mor gyflym â hyn yn anhebygol. Mae ceubyllau yn tueddu i ffurfio orau mewn creigiau gyda gwytnwch cymedrol neu uchel, lle mae gwendidau (e.e. cymalau, craciau neu haenau yn y graig) yn bell oddi wrth ei gilydd, fel mewn rhai mathau o wenithfaen, basalt, cwartsit, tywodfaen, a siâl. Efallai bod hyn yn ymddangos yn rhyfedd, ond mae'n helpu i esbonio pam bod ceubyllau yn goroesi ar afonydd erydol sy'n llifo'n gyflym. Gall creigiau gyda gwytnwch cymedrig neu uchel olygu ei bod yn anodd i geubyllau ffurfio, a golygu bod cyfraddau twf yn gymharol araf, ond mae'r gwytnwch yn helpu i unrhyw bant sy'n datblygu i gadw siâp silindr. Os yw gwytnwch y graig yn rhy isel, neu os oes gormod o fannau gwan, yna bydd tuedd i ymylon a waliau'r ceubyllau sy'n datblygu gael eu herydu wrth i ddarnau bach o graig neu blociau mwy o graig gael eu symud a bydd y siâp silindr yn cael ei golli (Ffigur 1.13), neu collir y ceubwll yn llwyr (Ffigur 1.17). Mae'r creigiau sydd â gwytnwch cymedrig neu uchel lle mae ceubyllau fel arfer yn ffurfio a goroesi yn golygu bod cyfraddau twf yn tueddu i fod yn araf, hyd yn oed lle mae digonedd o ronynnau gwaddod erydol. Mae prinder data ar hyn ond mae cyfraddau twf ceubyllau yn debygol o fod tipyn yn llai nag un milimedr y flwyddyn. Gyda chyfradd twf cymedrig o 1 mm y flwyddyn, byddai'n cymryd mil o flynyddoedd i geubwll ddyfnhau a lledaenu 1 metr. Gyda chyfraddau twf cymedrig o 0.1 mm y flwyddyn a 0.01 mm y flwyddyn byddai'n cymryd deng mil o flynyddoedd a chan mil o flynyddoedd i ddyfnhau a lledaenu 1 metr. Ar hyd afonydd Cymru, mae arsylwadau modern a thystiolaeth hanesyddol yn tueddu i ddangos dim newid, neu newid bychan iawn i geubyllau, hyd yn oed yn dilyn llifogydd mawr, sy'n awgrymu bod cyfraddau twf cymedrig ceubyllau yn agosach at ben isa'r amrediad yma. Ym mwyafrif yr achosion, felly, nid oes modd arsylwi datblygiad ceubyllau dros gyfnod ein bywydau.

Ffigur 1.17: Ceubwll wedi ei ynysu (canol) ar greigiau folcanig cymalog ar hyd Afon Clywedog ger Brithdir, Gwynedd. Mae'r ceubwll yma yn anhebygol o oroesi oherwydd bod y blociau yn debygol o gael eu herydu ar hyd y cymalau yn ystod llifogydd (ST).

Gan gofio mor araf yw cyfraddau datblygiad ceubyllau, mae'n anodd canfod union oedran ceubyllau afon yng Nghymru gyda rhyw lawer o hyder. Ond mae maint llawer o geubyllau – degau o gentimedrau i fetr neu fwy – yn awgrymu eu bod yn hen iawn – o leiaf miloedd o flynyddoedd ac o bosib degau neu hyd yn oed cannoedd o filoedd o flynyddoedd oed. Mae'n bosib bod rhai o'r ceubyllau hynaf wedi goroesi trwy'r oesoedd iâ niferus sydd wedi digwydd ar draws rhannau o Gymru a hemisffer y gogledd yn y gorffennol agos (yn ddaearegol). Mae hyn yn golygu hefyd bod llawer o geubyllau llawer yn hŷn nag unrhyw strwythurau a adeiladwyd gan bobl – mae pyramidiau'r Eifftiaid ond yn rhyw 5000 o flynyddoedd oed, er enghraifft.

BETH YW PERTHYNAS DATBLYGIAD CEUBYLLAU A FFURFIANT RHAEADRAU, GEIRW A CHEUNENTYDD?

Fel y nodwyd uchod, gall amrywiaethau ar ffurf delfrydol, siâp silindr ceubwll, ac erydiad rhannol neu grebachiad ceubyllau, olygu bod ceubyllau yn aml yn gysylltiedig â ffurfiau creigwely cerfiedig diddorol a rhyfedd eraill. Yn wir, ar amryw o afonydd creigwely yng Ngymru, gall fod mwy o'r ffurfiau creigwely cerfiedig yma na cheubyllau, a gall hyn gynnwys ceubyllau syml gyda rhigolau bychain yn arwain i mewn ac allan ohonynt, addurniadau amrywiol fel rhychiadau a sbiralau, ceubyllau cyfansawdd (ceubyllau o fewn ceubyllau), a cheubyllau wedi cael eu torri'n rhannol sydd weithiau'n ffurfio bwâu naturiol (Ffigurau 1.18 ac 1.19).

Yn ogystal â'u hapêl gweledol, ar raddfeydd amser hwy, mae ceubyllau a ffurfiau cerfiedig cysylltiedig yn arwyddocaol iawn o ran datblygiad afonydd a dyffrynnoedd. Lle maent yn ffurfio, gellir ystyried ceubyllau fel rhan allweddol o fin ebill yr afon, gan alluogi'r afon i erydu'n ddyfnach a dyfnach i'r creigwely dros amser. Fel y mae Ffigurau 1.14, 1.15 a 1.16 yn dangos, gall ceubyllau drws nesaf i'w gilydd ledaenu a dyfnhau a chyfuno â'i gilydd yn y pen draw. Os oes digon o geubyllau yn cyfuno, gallant gyfrannu at gerfio sianel ddofn, gul (a elwir yn 'sianel fewnol', neu 'geunant hollt') trwy graig wydn. Ar waliau'r sianeli mewnol neu geunentydd hollt, gellir gweld olion y ceubyllau yma weithiau. Er enghraifft ar Afon Mynach, ar ochr ucha'r bont ym Mhontarfynach, gellir gweld wynebau crwm, llyfn ar y graig ar waliau'r ceunant. Dyma olion yr hen geubyllau sydd wedi cyfrannu at greu'r ceunant (Ffigur 1.20).

Mewn sawl lleoliad, gall fod rhaeadr bychan neu eirw ar

Ffigur 1.18: Ffurfiau creigwely cerfiedig ar Afon Ystwyth, Ceredigion (DR).

ben uchaf y sianel fewnol neu geunant hollt, gyda dŵr yn disgyn yn sydyn i mewn i'r hollt. Yn fwy cyffredinol, ceir hyd i geubyllau wrth ymyl rhaeadrau, yn aml ger gwaelod neu uwchlaw ymyl y rhaeadr. Ger gwaelod rhaeadr gall

Ffigur 1.19: Bwa naturiol ar Afon Irfon yng Nghamddwr Bleiddiaid, Abergwesyn, Powys (DR).

cyfuniad ceubyllau ac erydiad blociau mawr o graig trwy blicio gyfrannu at ddatblygiad nodwedd fawr o'r enw plymbwll. Gall plymbyllau mawr, nifer o fetrau o led, gynnwys ceubyllau unigol, ond yn aml mae'r dŵr tyrfol yn golygu nad oes modd eu gweld yn glir. Dros amser, wrth i blymbwll dyfu trwy ledaenu a dyfnhau, mae'r gefnogaeth sydd ar gael i'r wyneb, fertigol bron, sy'n creu'r rhaeadr, yn gwanhau. Gall y gwanhad yma arwain at gwymp wyneb y rhaeadr nawr ac yn man, gan gyfrannu at enciliad araf, ysbeidiol y rhaeadr i fyny'r afon. Wrth i'r rhaeadr encilio, mae'n gadael ceunant dwfn a serth yn ei sgil (Ffigur 1.21). Uwchlaw ymyl y rhaeadr, gall twf a chyfuniad ceubyllau arwain at wanhau'r graig yng ngwely'r afon a gall hefyd gyfrannu at symudiad y rhaeadr i fyny'r afon ac ymestyniad y ceunant. Yn y sefyllfaoedd yma, gellir gweld olion hen geubyllau yn waliau'r ceunant hefyd weithiau.

Ffigur 1.20: Afon Mynach ym Mhontarfynach, Ceredigion: chwith) ceubyllau yn cyfuno yng Nghrochan y Diafol (ar lif isel, gellir gweld waliau isaf, toredig y ceubyllau yn ffurfio bwa naturiol); canol) darn isaf y ceunant hollt yn syth islaw'r Crochan; dde) golygfa lawn o'r ceunant hollt yn dangos olion crwm yr hen geubyllau a'r ddau bont isaf o'r tri phont sy'n croesi'r ceunant (ST).

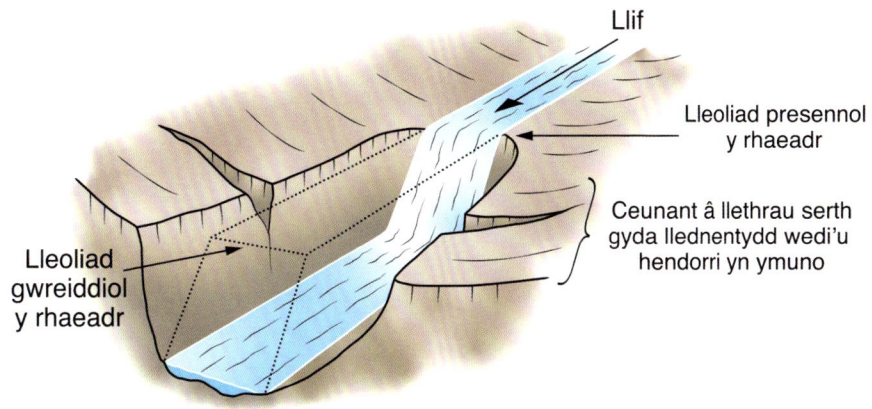

Ffigur 1.21: Diagram (uchod) a ffotograff (chwith) yn dangos sut mae symudiad rhaeadr i fyny'r afon yn arwain at ddatblygiad ceunant (Ffynhonnell y diagram: newidiwyd ar ôl Hayakawa, Y.S. a Matsukura, Y. (2003). Recession rates of waterfalls in Boso Peninsula. Earth Surface Processes and Landforms, 28: 675-684 a Tooth, S. (2015). The Augrabies Falls region: a fluvial landscape divided in flow but magnificent in spectacle. Yn Grab, S. Knight, J. (Gol), Landscapes and Landforms of South Africa. World Geomorphological Landscapes. Berlin-Heidelberg: Springer-Verlag, pp.65-73). Mae'r ffotograff yn dangos Afon Elan ym Mhont Hyllfan, Powys (HG).

ADRAN 2
• ECOLEG CEUBYLLAU •

Amlygodd Adran 1 bod ceubyllau yn nodwedd gyffredin mewn llawer o afonydd creigwely a chreigwely-llifwaddodol cymysg yng Nghymru, ac amlinellodd sut mae datblygiad ceubyllau yn gysylltiedig â llawer o agweddau eraill ar dirluniau afonol, gan gynnwys ffurfiau cerfiedig eraill ar greigiau, rhaeadrau, geirw a cheunentydd. Er bod datblygiad ceubyllau yn digwydd yn bennaf yn ystod llifogydd cythryblus iawn, llawn gwaddod, mae ceubyllau yn haws i'w gweld yn ystod llifoedd mwy llonydd, isel, pan fydd llawer ohonynt uwchlaw lefel y dŵr neu i'w gweld trwy ddŵr cliriach. Mae arsylwadau o geubyllau yn dangos bod eu nodweddion yn amrywio'n fawr, gan gynnwys maint a siâp, faint o waddod sydd ynddyn nhw, presenoldeb neu absenoldeb deunydd organig fel dail a brigau, a lefelau dŵr. Mae rhai ceubyllau yn datblygu bioffilmiau (e.e. algâu), oni bai bod y graig wedi'i sgwrio'n lân gan y dŵr a'r gwaddod (Ffigur 2.1).

anweddu'n gyflym, hyd yn oed os yw'n cael ei ail-lenwi yn ysbeidiol pan fydd hi'n glawio. Mae ceubyllau dyfnach yn tueddu i ddal gwaddod a deunydd organig, a gallant hefyd ddal dŵr, hyd yn oed yn ystod cyfnodau sych (Ffigur 2.2).

Ffigur 2.1: Ceubwll yn dangos bioffilm yn amgylchynu ardal o erydiad (DR).

Ffigur 2.2: Mater organig yn casglu mewn ceubyllau ar Afon Dulas (ogleddol), ger Ceinws ger y ffin rhwng Powys a Gwynedd (ST).

Nid yw ceubyllau bas yn tueddu i ddal rhyw lawer o waddod a deunydd organig, a gall unrhyw ddŵr

Mae gan yr amrywiaeth hyn o nodweddion ceubyllau oblygiadau pwysig i ecosystemau afonydd. Lle maen nhw'n bodoli, mae ceubyllau yn cynyddu amrywiaeth cynefinoedd afon, gan ddod â budd i amrywiaeth eang o fywyd gwyllt, gan gynnwys pysgod, amffibiaid ac infertebratau. Bydd rhai organebau yn defnyddio ceubyllau am gyfnodau byr yn unig, efallai'n mynd i mewn ac allan yn rheolaidd o nifer o geubyllau, tra bydd eraill yn treulio'r rhan fwyaf o'u bywydau y tu mewn i geubwll penodol. Mae'r adran hon yn rhoi trosolwg o ecoleg ceubyllau. Gobeithiwn ddangos bod ceubyllau yn nodweddion lle gellir gweld rhai o olygfeydd bywyd gwyllt mwyaf rhyfeddol byd natur, ond hefyd, os allwch dreulio amser yn canolbwyntio ar ychydig o geubyllau dethol, ei bod hi'n bosib agosáu at rai organebau sydd yr un mor anhygoel ond sydd ddim yn cael eu gwerthfawrogi i'r un graddau – organebau sy'n treulio rhan helaeth o'u bywydau i ffwrdd o brif sianel yr afon. Mae edrych i mewn i geubyllau fel edrych i mewn i fydoedd bychain o ddŵr croyw, a gall arsylwi faint o fywyd sydd yn y ffurfiannau gwych hyn, ac o'u cwmpas, fod yn brofiad gwerth chweil a chyfoethog iawn. Serch hynny, fel y byddwn yn amlinellu, mae llawer o agweddau ar ecoleg afonydd a cheubyllau yn sensitif i amrywiaeth o effeithiau gweithgareddau pobl.

PYSGOD

Mae'n debyg mai eogiaid sy'n defnyddio ceubyllau yn y modd mwyaf dramatig. Ar ôl treulio cyfnodau hir o'u bywydau allan yng ngogledd yr Iwerydd, mae'r mwyafrif o eogiaid yn teithio cannoedd o gilomedrau yn ôl i'w afonydd genedigol i silio. Eu system arogleuol sy'n llywio'r daith - i bob pwrpas maen nhw'n arogli eu ffordd yn ôl i'r mannau lle'u ganwyd. Ar hyd y daith i fyny'r afon, ar rai safleoedd ar afonydd Cymru, gellir gweld yr organebau anhygoel yma yn llamu o'r dŵr er mwyn goresgyn rhwystrau naturiol fel rhaeadrau neu eirw. Wrth iddyn nhw geisio dringo'r rhaeadrau, maent yn aml yn defnyddio ceubyllau fel llefydd i orffwys; mae'r plymbyllau islaw rhaeadrau hefyd yn allweddol oherwydd mae angen y dŵr dwfn arnyn nhw er mwyn neidio'n llwyddiannus. Dau enghraifft wych o lle y gellir gweld eogiaid yn neidio yw Afon Marteg, llednant o Afon Gwy ger Rhaeadr Gwy, a Dolanog ar Afon Efyrnwy ger y Trallwng. Ar hyd Afon Marteg, gellir gweld eogiaid yn trio dringo cyfres o raeadrau yn yr Hydref. Mae'r nifer o weithiau y maen nhw'n methu yn tystio i faint o ymdrech yw hyn iddyn nhw. Nawr ac yn y man, gellir gweld pysgodyn yn gorffwys yn y ceubwll neu'r plymbwll, hanner ffordd i fyny'r gyfres o raeadrau, cyn rhoi tro arall ar oresgyn gweddill y rhwystr naturiol o'r diwedd. Gellir ond rhyfeddu at gryfder ac ystwythder y pysgod yma. Yn Nolanog (Ffigur 2.3) mae eogiaid yn neidio i fyny rhan isaf y rhaeadr ac yn aml yn glanio mewn ceubwll lle maen nhw'n gwneud un o dri pheth: neidio i fyny yn syth gan ddefnyddio momentwm y naid gyntaf, gorffwys am sbel cyn neidio eto, neu gadael i'r dŵr eu cario yn ôl i lawr, wedi llwyr ymlâdd. Mae nifer o eogiaid yn trio sawl gwaith cyn gallu goresgyn y rhaeadr cyfan. Tristwch y sefyllfa yn Nolanog yw na all yr eogiaid oresgyn y rhwystr artiffisial ar ymyl uchaf y rhaeadr: cored fawr. Er gwaetha'r ymdrech rhaid iddyn nhw i gyd ddisgyn yn eu holau i lawr islaw'r rhaeadr er mwyn silio.

Mae rhywogaethau eraill fel brithyll a llyswennod hefyd yn defnyddio ceubyllau. Wrth snorclo yn Afon Dyfi, rydym wedi gweld sewin ar waelod ceubyllau mawr yn gwasgu eu cyrff cuddliw yn erbyn ochrau crwm, naturiol y wal (Ffigur 2.4) ac yn aros yn hollol lonydd. Yn ystod cyfnod o

Ffigur 2.3: Eog yn llamu o blymbwll i geubwll ar Afon Efyrnwy yn Nolanog, Powys (DR).

lif isel, mae cerhyntau dŵr yn wan iawn ar waelod y ceubyllau ac mae'n anodd i ysglafaethwyr fel dwrgwn i ddod o hyd iddyn nhw yn y llefydd hyn.

Gellir gweld heigiau o bysgod fel sildynnod yn aml mewn ceubyllau; yma, mae'n bosib eu bod yn manteisio ar ddyfroedd tawelach i ffwrdd o'r prif lif lle nad oes rhaid iddyn nhw ddefnyddio cymaint o egni nac osgoi ysglyfaethwyr.

Ffigur 2.4: Sewin mewn ceubwll yn Afon Dulas (ogleddol), ger Ceinws ger y ffin rhwng Powys a Gwynedd (DR).

AMFFIBIAID

Gall dŵr araf neu ddŵr statig mewn ceubyllau ar ymylon y sianel greigwely, neu sydd ar arwynebau creigwely sydd uwchlaw'r dŵr ar lifoedd isel, fod yn llawer cynhesach na dŵr yn y brif sianel, sydd yn aml yn ddyfnach ac yn symud yn gyflymach. Efallai y bydd gan y tymereddau dŵr cynhesach hyn fanteision i rai mathau o fywyd gwyllt. Er eu bod yn cael eu cysylltu fel arfer â phyllau a llynnoedd, gellir gweld amffibiaid yn aml mewn ceubyllau ar yr afon ac yn rhannau tawelach afonydd yn gyffredinol. Yn gynnar yn y Gwanwyn, gall llyffantod cyffredin ddefnyddio ceubyllau i ffwrdd o'r brif sianel er mwyn silio gan greu llinynnau dwbl o silod fel mwclis o fywyd (Ffigur 2.5). Byddai ceubwll ar wyneb creigwely wedi'i ynysu o'r prif lif hefyd y tu hwnt i gyrraedd ysglyfaethwyr fel pysgod a fyddai fel arall yn gwledda ar y grifft a'r penbyliaid. Nid yw hyn yn golygu bod y grifft a'r penbyliaid yn ddiogel rhag ysglyfaethwyr eraill fel madfallod y dŵr, sydd hefyd i'w gweld mewn ceubyllau (Ffigur 2.6).

Ffigur 2.5: Mwclis dwbl o sil mewn ceubwll ym Mhont Llogel ger y Trallwng ar Afon Efyrnwy, Powys (DR).

Ffigur 2.6: Madfall y dŵr a larfau pryfed mewn ceubwll yn llawn dŵr (DR).

INFERTEBRATAU

Infertebratau yw'r organebau mwyaf niferus a hawsaf i'w gweld mewn ceubyllau. O bersbectif infertebratau, gellir ystyried pob ceubwll fel microgynefin, gyda grwpiau gwahanol yn defnyddio gwahanol rannau o'r ceubyllau am gyfnodau amrywiol o amser. Gan bod ceubyllau yn faglau naturiol ar gyfer gwaddod yn ogystal â deunydd organig fel dail, brigau a changhennau bychain weithiau (Fifgur 2.7), maent yn noddfa ar gyfer infertebratau sy'n dibynnu ar y deunyddiau am gartref neu fwyd.

Ffigur 2.7: Deunydd organig cyfoethog ar lawr ceubwll (DR).

Mae rhai rhywogaethau yn bwydo ar bioffilmiau sydd wedi eu gwneud o fywyd microsgopig (e.e. algâu) ac maent yn dal yn waliau'r ceubwll islaw ac uwchlaw lefel y dŵr. Mae rhywogaethau eraill yn byw o dan ddŵr am o leiaf rhan o'u bywydau, ac eraill yn byw ar dir sych ond yn defnyddio dŵr mewn ceubyllau nawr ac yn y man. Er enghraifft, mae llawer o rywogaethau infertebratau yn treulio cyfnodau fel larfa neu nymff o dan ddŵr cyn cychwyn ar gyfnod byr eu bywydau fel pryfed hedegog.

Y mwyaf cyffredin o'r rhain yw pryfed yr afon, ac maent yn cynnwys gwybed Mai, pryfed y cerrig a phryfed gwellt (neu'r pryfed pric – *caddisfly*). Mae yna lawer o amrywiaethau o fewn y grwpiau hyn, ac maent yn gallu bod yn niferus o fewn ceubyllau. Mae'r rhywogaethau hyn yn bwysig iawn ar gyfer gweoedd bwyd mewn afonydd, gan eu bod yn ffynhonnell bwysig o faeth ar gyfer adar fel bronwen y dŵr, pysgod fel eog neu frithyll ifanc, a phryfed ac arachnids eraill. Un nodwedd amlwg o rai ceubyllau yw'r gweoedd pry cop sydd wedi eu gwau ar eu traws, trapiau y mae'n rhaid i'r pryfed hedegog eu hosgoi.

Mae gan lawer o geubyllau gyfoeth o fywyd nid yn unig o dan ddŵr ond hefyd ar yr wyneb; o'r Gwanwyn hyd at ganol Hydref, gellir gweld llawer o organebau yn cerdded ac yn gwibio ar yr wyneb. Mae'r rhain yn cynnwys sglefrynnod afon sy'n perthyn i riain y dŵr, sydd hefyd i'w cael mewn ceubyllau (Ffigur 2.8). Un arall sy'n cerdded ar wyneb y dŵr yw mesurydd y dŵr (Ffigur 2.9) – sydd â phen hir o gymharu gyda maint y corff; ceir hyd i'r rhain yn aml ar waliau'r ceubwll. Mae gan y ddau fath o organeb rannau o'r geg sy'n gallu tyllu a sugno, ac maent yn gallu ymosod ar infertebratau llai gan fwyta'r deunydd blasus y tu fewn gan ddefnyddio'r rhannau arbennig hyn o'r geg. Bydd rhiain y dŵr yn ymgasglu uwchlaw ceubyllau ar ochr y brif sianel a mentro weithiau i'r llif cyflymach. Maent yn gryf iawn a gellir eu gweld yn ystod glaw hyd yn oed, gan ymddangos fel nad yw'r diferion glaw trwm yn eu heffeithio o gwbl. Mae pob milimedr sgwâr o'u cyrff wedi ei orchuddio â miloedd o flew hydroffobig sy'n eu helpu i aros yn sych. Mae criciedyn afon hefyd yn gallu cerdded ar wyneb y dŵr ac maent yn gallu creu sylwedd sy'n torri

Ffigur 2.8: Rhiain y dŵr (DR).

Ffigur 2.9: Llun agos o fesurydd y dŵr (DR).

tyniant arwyneb y dŵr fel y gallant symud hyd yn oed yn gynt.

Mae gwybed Mai yn derm eang sy'n cynnwys urdd o bryfed sy'n cynnwys sawl rhywogaeth. Mae gan wybed ac Mai, fel rheol, dri chynffon, sydd, fel larfa, yn eu helpu i nofio. Mae nymffau 'baetid' (neu 'olives') yn nofwyr gwych, a gellir eu gweld yn symud eu cyrff o un darn o raean i'r nesaf; mi wnawn nhw nofio i ffwrdd yn sydyn os oes rhywun yn tarfu arnyn nhw. Maent yn casglu mewn grwpiau mawr ac yn aml yn wynebu cerrynt lleol y dŵr (Ffigur 2.10).

Ffigur 2.10: Nymffau gwybed Mai mewn ceubwll (DR).

Yn wir, gellir defnyddio eu safleoedd er mwyn cael syniad cyffredinol o symudiadau bychain y cerrynt. Math arall cyffredin o wybed Mai yw'r Heptagenidae (sy'n dal wrth gerrig); mae gan y rhain gyrff gwastad a gellir cael hyd iddynt fel arfer o dan y graean ar waelod y ceubwll. Maen nhw'n pori ar yr algâu a graean ac arwynebau craig, ac mae'r 'llwybrau pori' yn aml yn tystio i'r llefydd y buon nhw'n bwydo.

Mae pryfed y cerrig yn urdd arall o bryfed sy'n gyffredin mewn ceubyllau. Mae dau gynffon ganddyn nhw ac mae'n nhw'n crwydro rhwng y graean ar waelod ceubwll ac ar wely'r afon yn gyffredinol.

Y pryf gwellt yw un o'r pryfed mwyaf anhygoel a welir mewn ceubyllau. Yn eu ffurf larfa, mae'r pensaerniaid tanddwr yma yn defnyddio deunydd fel gronynnau tywod, graean mân, neu ddarnau o blanhigion – yn aml gyda'i gilydd – er mwyn creu casys i guddio a gwarchod eu hunain (Ffigur 2.11). Mae'r casys yma hefyd yn aml yn falast sy'n eu galluogi i osgoi cael eu sgubo ymaith gan lif cryf. Mae'r pryfed yn clymu'r deunydd at ei gilydd gan ddefnyddio sidan sy'n cael ei wthio allan o ardal ger eu cegau, ac mae rhai o'u creadigaethau yn gymhleth tu hwnt (Ffigur 2.12). Mae manteision amlwg i ddefnyddio deunydd naturiol; maent yn debyg i'r amgylchedd naturiol o'u cwmpas, ac weithiau yr unig ffordd o wybod eu bod yno yw eu gweld yn symud. Mae gweld casys pryfed gwellt gweigion yn gyffredin ar afonydd Cymru, gan gynnwys mewn ceubyllau, ond gydag amser maent yn datgymalu ac yn dod yn rhan o lwyth gwaddod yr afon unwaith eto. Mae'r pryfed gwellt wedi bod yn ailgylchu ers cryn amser felly! Mae yna hefyd rywogaethau o bryfed gwellt sydd heb gasys, a rhai sy'n creu mannau cysgodol i'w hunain ac yn aml ceir hyd i'r rhain mewn hydoedd lle mae'r dŵr yn llifo'n gyflymach. Ymysg y mwyaf difyr y mae larfa'r Hydropsyche sy'n gwau rhwydi sidan er mwyn dal bwyd. Gellid gweld y rhain yn coloneiddio waliau ceubyllau. Mae llawer o rywogaethau pryfed gwellt yn torri pethau i lawr ac wrth iddyn nhw helpu i dorri dail a

Ffigur 2.11: Pryfed gwellt mewn ceudwll (DR).

Ffigur 2.12: Casys pryfed gwellt gwag o Afon Tawe, Powys (DR).

brigau mewn ceubyllau maent yn rhyddhau maeth er budd ecosystem ehangach yr afon.

PLANHIGION UWCH A BYWYD GWYLLT ERAILL

Mewn rhai ceubyllau, yn enwedig y rheiny ar arwynebau creigwely uwch, i ffwrdd o brif lif yr afon, gellir gweld amrywiaeth o blanhigion uwch yn aml. Mae mwsogl yn gynefin bychan i gyfoeth o fywyd fel bryosoa (anifeiliaid y mwsog). Yn y Gwanwyn mae gold y gors yn aml i'w gweld yn harddu waliau ceubyllau. Mewn rhai ceubyllau mwy, mae coed helyg bychain i'w gweld yn tyfu weithiau, wedi cael cyfle i wreiddio rhwng cyfnodau o lifoedd uwch, erydol.

Mae adroddiad o daith yn 1916 o'r Builth Wells Naturalists yn y *Brecon Radnor Express, Carmarthen and Swansea Valley Gazette, and Brynmawr District Advertiser* yn amlygu'r planhigion anarferol all dyfu ar glogfeini o gwmpas ceubyllau:

> "Near Penmaenau a band [o graig galed] was shot across the river Wye to the Park Wells. The grandeur of the river scenery at this point is due to the difficulty the Wye had in fretting for itself a new course. Some grand pot-holes may here be observed. Hell Hole itself is nothing but a deep pot-hole. The pungent chives, a plant which some observers say was brought by the Romans, grows on the ledges of the river boulders around the pot-holes. The Welsh name for it is "Syfi Glan Guy [sic]," and some writers claim it as the Welsh emblematic flower."

EFFAITH DYNOLIAETH AR ECOLEG CEUBYLLAU

Tra bod llawer o afonydd creigwely neu greigwely-llifwaddodol cymysg Cymru yn ymddangos yn naturiol, ac heb gael eu heffeithio gan weithgareddau dynoliaeth, mae pobl wedi dylanwadu ar geubyllau a'u ecoleg mewn amryw ffyrdd. Un o'r effeithiau amlycaf yw'r llygredd amlwg sy'n deillio o ddeunydd fel metal, gwastraff adeiladu, a phlastig. Weithiau, bydd y deunydd yma yn cael ei ollwng i afonydd yn fwriadol, neu weithiau yn casglu mewn llefydd tawel i ffwrdd o brif lif yr afon, gan gynnwys mewn ceubyllau.

Mae rhai effeithiau eraill dynoliaeth yn llai amlwg. Mae gwaddol mwyngloddio am fineralau fel plwm, sinc ac arian yn dal i'w weld ar nifer o ardaloedd o uwchdiroedd Cymru, gyda metelau wedi eu hydoddi yn cael eu golchi o hen fwyngloddfeydd ar ôl glaw trwm a llawer o waddodion ac arwynebau creigwely wedi eu staenio yn goch a brown gan ocsidau haearn. Gall dŵr sy'n llifo o dir amaeth a charthffosiaeth hefyd fod yn broblemau mawr, gan arwain weithiau at newid lliw y dŵr a llygru cemegol. Mae'r rhain yn effeithio ar ecoleg ceubyllau ac ecosystem ehangach yr afon. Mae engrheifftiau'n cynnwys microblastigau yn cael eu llyncu gan infertebratau sydd wedyn yn dod yn rhan o'r gadwyn fwyd, a gormodedd o ffosfforws sy'n gallu creu gordyfiant algâu a dad-ocsigeneiddio dŵr araf neu lonydd.

Effeithiwyd ar lawer o afonydd Cymru gan goredau, argaeau, cronfeydd dŵr a chynlluniau pŵer hydro cysylltiedig. Yn ogystal â chreu'r rhwystrau i bysgod sy'n mudo ar hyd yr afonydd, fel a nodwyd eisoes, mae coredau ac argaeau hefyd yn effeithio ar gludiant naturiol gwaddodion, gan amddifadu hydoedd yn is i lawr o ddeunydd pwysig sy'n creu cynefinoedd. Gall patrymau llif hefyd fod yn annaturiol; mae lefelau dŵr Afon Rheidol ger Aberystwyth, er enghraifft, yn gallu amrywio'n ddramatig mewn diwrnod wrth i ddŵr gael ei ryddhau drwy argaeau ar gyfer cynhyrchu pŵer hydro. Oherwydd bod lefelau'n gallu codi a disgyn ynghynt nag y byddent yn naturiol, gall hyn effeithio ecoleg afonydd, yn enwedig mewn ceubyllau ar ymylon y sianeli. Mewn lleoliadau eraill, gall nodweddion fel ceubyllau fod ynghudd am gyfnodau hir o'r flwyddyn oherwydd bod lefelau dŵr yn cael eu cadw yn annaturiol o uchel mewn cronfeydd dŵr. Mae Afon Elan ym Mhont Hyllfan ger Canolfan Ymwelwyr Cwm Elan yn enghraifft dda (Ffigurau 2.13 a 2.14).

Mae llawer o afonydd Cymru lle ceir hyd i geubyllau, rhaeadrau a cheunentydd yn boblogaidd gydag ymwelwyr sy'n dod i fwynhau'r golygfeydd, profi'r ecoleg, neu fanteisio ar weithgareddau chwaraeon fel caiacio neu ganŵio. Yn Adran 7, rydym yn nodi ein awgrymiadau ni ar gyfer llefydd i ymweld â nhw, ond tymherir ein dymuniad i godi ymwybyddiaeth o fawredd ceubyllau gan sylweddoliad y gall gormod o ymwelwyr effeithio'n ddifrifol ar yr amgylchedd naturiol. Mae rhaeadr (a cheubyllau) poblogaidd Pistyll Rhaeadr ym Mhowys yn enghraifft dda, lle mae cwynion gan bobl leol ynglŷn â niferoedd yr ymwelwyr (mae'r lôn gul sy'n arwain at y rhaeadr yn aml yn dagfa o geir yn ystod cyfnodau prysur) a'r sbwriel a adewir yno. Mae risg y bydd ardaloedd o afonydd naturiol mewn llefydd eraill sy'n boblogaidd gydag ymwelwyr yn cael eu heffeithio gan ffyrdd a phontydd, llwybrau troed, adeiladau ymwelwyr a phlatfformau arsylwi. Mae hyd yn oed gweithgareddau sy'n ymddangos yn ddiniwed, fel codi tyrau cerrig (un ai fel ychydig o hwyl neu fel darn o gelf yn y tirlun) yn gallu amharu ar ecoleg afon oherwydd gall symud y graean a'r cerigos amharu ar gynefinoedd rhywogaethau anrywiol afonydd fel infertebratau.

Yn amlwg mae gwneud yr amgylcheddau yma yn hygyrch i'r cyhoedd, a galluogi pobl i gael budd iechyd corfforol ac iechyd meddwl, tra'n gwarchod yr amgylcheddau rhag effeithiau gweledol ac ecolegol, yn enwedig y planhigion ac anifeiliaid bregus, ar yr un pryd, yn falans anodd. Byddwn yn dychwelyd at iechyd corfforol ac iechyd meddwl yn Adran 6.

Ffigur 2.13: Pont Hyllfan ar Afon Elan, ger Canolfan Ymwelwyr Cwm Elan, Powys, o dan amodau llif naturiol, isel i gymedrol (DR).

Ffigur 2.14: Pont Hyllfan yn ystod lefelau dŵr uchel (artiffisial) (DR).

ADRAN 3

• CEUBYLLAU A HANES •

Gorffennodd Adran 2 trwy drafod yr effeithiau negyddol y gall gweithgareddau pobl eu cael ar geubyllau a'u hecoleg hynod ddiddorol a bregus. Yng Nghymru a thu hwnt, ,mae pobl, wrth gwrs, wedi byw a gweithio ar lannau afonydd ers milenia, ac wedi defnyddio afonydd ar gyfer darparu dŵr a bwyd, ar gyfer teithio a chludo nwyddau, i droi melinau, i ddyfrhau a dibenion amaethyddol eraill, yn ogystal ag ar gyfer hamddena mewn gwahanol ffyrdd. Nid yw gweithgareddau'r gorffennol bob amser wedi cael effaith mor sylweddol a pharhaol â'r gweithgareddau sy'n digwydd yn ein cymdeithas gyfoes, ond serch hynny maent wedi gadael eu hôl mewn ffyrdd diriaethol a mwy haniaethaol ac anghyffwrdd. Mae'r berthynas agos hon rhwng pobl ac afonydd, dros amser, wedi golygu bod afonydd wedi bod yn llwyfan ar gyfer digwyddiadau hanesyddol, yn ogystal ag ysbrydoli chwedloniaeth a llên gwerin sydd wedi parhau hyd heddiw. Mae rhai o afonydd creigwely a chreigwely-llifwaddodol cymysg Cymru, gyda'u ceubyllau, plymbyllau a hydoedd afon dwfn, yn enghreifftiau gwych o ble mae hanes, stori a chwedl yn cydblethu.

PYSGOTA

Bydd unrhyw un sydd ag unrhyw brofiad o bysgota afonydd yn gwybod bod pysgod yn aml yn cuddio mewn pyllau dwfn, oer, yn aml wedi'u cysgodi gan goed ac ymhell o afael ysglyfaethwyr. Fel y trafodwyd yn Adran 2, gall ceubyllau fod yn bwysig iawn hefyd ar gyfer eogiaid a brithyllod sy'n mudo wrth iddynt lamu i fyny rhaeadrau. Yn hanesyddol, manteisiwyd ar y wybodaeth yma gan y rhai a oedd yn byw ar lannau afonydd cefn gwlad Cymru, yn enwedig y dosbarth gweithiol, wrth iddynt geisio cael dau pen llinyn ynghyd. Yn aml, roedd hyn yn golygu defnyddio morffolegau arbennig ceubyllau. Nododd yr arlunydd a'r awdur taith Cymreig, Edward Pugh, yn ei gyfrol *Cambria Depicta* (1816) ei fod wedi ymweld â'r rhaeadr ar Afon Efyrnwy yn Nolanog gan ddweud:

'Salmons are caught here, by harpoon-irons being darted at them, on their leaping the rocks.'

Ddegawdau yn ddiweddarach, roedd dulliau dyfeisgar eraill yn cael eu defnyddio. Er enghraifft, ym 1862, cafwyd Elizabeth Jones, a oedd yn byw uwchlaw rhaeadr yn Nolanog (Ffigur 3.1) yn euog o botsio eog. Yn ôl adroddiad yn y *North Devon Journal* (Mawrth 1862):

'She pleaded ignorance of the law and the nets were ordered to be destroyed. It appeared the old woman had a peculiar way of taking the fish. Near to her cottage is a shallow waterfall, which the fish, on arriving at the spot, attempted to leap up in order to proceed to their spawning ground. The fish so jumping fell into a hollow in the fall [ceubwll], *where the old woman had previously lodged her net, and on falling into it, they were at once hoisted ashore.'*

Roedd dulliau Elizabeth yn dal i gael eu cofio ddegawdau yn ddiweddarach yn y *Wellington Journal and Shrewsbury News* sydd, ym Mai 1887 yn cyfeirio at 'Betty Jones's pot': yn amlwg roedd hyn yn cyfeirio at y ceubwll y neidiodd yr eogiaid iddo a lle y cawsant eu dal. Fel y nodwyd yn Adran 2, gwelir eogiaid yn Nolanog o hyd, er mewn ffordd ychydig yn wahanol, wedi'u rhwystro rhag mudo gan y

Ffigur 3.1: Ceubwll ar Afon Efyrnwy yn Nolanog, Powys (DR).

gored a adeiladwyd yn y 1920au.

Mae yna leoliadau eraill ar afonydd Cymru lle roedd pobl yn dal pysgod ers talwm trwy ddefnyddio nodweddion geomorffolegol, gyda rhai enghreifftiau da ar Afon Dyfi ger Mallwyd ac ar amryw o afonydd dalgylch Afon Conwy. Mae Emrys Evans yn ei lyfr *Dal Pysgod* (1989) yn cynnwys manylion am lawer o arferion hanesyddol a oedd yn defnyddio nodweddion geomorffolegol afonydd i wneud pysgota yn fwy effeithlon. Er enghraifft, fel yn achos Elizabeth Jones uchod, manteisiwyd ar geubyllau, ffurfiau cerfiedig eraill a cheubyllau:

'Gosodid y rhwydi mewn rhai amgylchiadau ar fylchau o waith natur ac yn yr hafnleoedd wedi eu naddu yn y creigiau gan y llifddyfroedd, i ddal eogiaid a brithylliaid, ond yn fwyaf neilltuol eogiaid ... Gofalid am wau y rhwydi yn ddigon bras fel na fyddai iddynt ysbeilio y dyfroedd yn y fath fodd fel na fyddai rhai yng ngweddill at gladdu, fel y byddai cyflawnder i'w cael yn y dyfodol.'

Mae Emrys Evans yn cynnwys atgofion yr awdur Elis o'r Nant ynghylch adeiladu a lleoli math arbennig o gist bren, tua dwy i dair llath o hyd a thair i bedair troedfedd o led, a oedd yn cael ei yrru i wely'r afon, ac wedi'i gynllunio mewn ffordd a oedd yn dal yr eog o'i mewn. Defnyddiwyd nodweddion geomorffolegol yr afon yn aml:

'Mewn rhai amgylchiadau pan fyddai hynny yn gyfleus, gosodid y gist mewn gwddf cangen o'r afon yn ymsaethu allan o brif wely yr afon...'

Defnyddiwyd cewyll pren hefyd, wedi eu cynllunio a'u creu fel y gellid eu gosod yn ffurfiau cerfiedig yn y creigwely:

'Gwnaed y ffrâm ... i'w gosod yn yr agorfa yn unffurf ac o'r un maintoli â'r gwely sydd wedi ei naddu yn y graig gan y llif. Ni arferid cymryd cŷn na morthwyl, nac un offeryn arall i wneud un cyfnewidiad yn y gwely. Llaw-weithid y cawell i lenwi y gwely, pa ffurf a maintoli a fyddai ... Cwympai yr eog i'r cawell mewn ceunant pan yn gwneud ymgais i lamu i fyny'r rhaeadr...'

Mae Emrys Evans yn awgrymu bod y dulliau a'r arferion yma yn hynafol iawn yn Nyffryn Conwy:

'Tystiai Gras Jones, Tan 'R Allt, mam Ioan Glan Lledr, fod ei pherthnasau ers mwy na thri can mlynedd 'yn byw yn Nhan 'R Allt,' ond nas clywodd hi erioed sôn am yr adeg y dechreuwyd pysgota gyda chistiau a chewyll yn y bylchau, cafnleoedd, hafnleoedd, gwelyau, a safleoedd a gynlluniwyd ac a weithiwyd gan y llif ddyfroedd.'

Mae hefyd yn nodi enghreifftiau o atgofion y bardd, awdur a newyddiadurwr Carneddog, ar Afon Colwyn ger Beddgelert:

'Sara Gruffydd, gwraig weddw ar y plwyf, ydwyf yn ei gofio yma [sef yn byw mewn tŷ o'r enw Cae'r Bompren]. Yr oedd hi yn enwog yn ei dydd fel pysgotwraig, a gelwir un corbwll dwfn yn afon Colwyn yn 'Llyn Sara' hyd y dydd hwn. Yr oedd y dŵr yn disgyn dros glogwyn serth i'r pwll hwn, ac arferai Sara osod cawell o dan y clogwyn. Byddai y pysgod wrth dreio neidio i ben y clogwyn yn aml yn methu ac yna llithrent yn daclus i gawell Sara.'

Er bod y dosbarth gweithiol yn elwa o'r ceubyllau a'r ffurfiau afonydd creigwely eraill fel hyn (Ffigur 3.2) felly, mae'n ymddangos nad oedd yr uchelwyr mor ffodus. Wrth drafod Rhaeadr Ewynnol ger Betws-y-Coed yn y *Ward Lock Red Guide on Conway, Deganwy, Llandudno, North Wales* (1921-22), dywedir am arglwydd ystâd Gwydyr, eto yn Nyffryn Conwy:

'There is an old tradition that, as a penance for his oppression of the people, the spirit of Sir John Wynne, of Gwydyr, was doomed to remain in the depths of the pool under the fall, there to be purged and purified.'

Ffigur 3.2: Ceubyllau a ffurfiau cerfiedig ger Ffos Anoddun, Afon Conwy, Conwy (DR).

PERYGLON A DAMWEINIAU

Roedd afonydd creigwely a chreigwely-llifwaddodol cymysg Cymru a'u ceubyllau yn rhoi bwyd ar y bwrdd yn ystod cyfnodau main, ond roedd eu gwelyau a'u glannau serth, llyfn a llithrig a'u cerhyntau cyflym yn aml yn beryglus, hyd yn oed yn angheuol. Mae chwilio am geubyllau mewn deunydd archifol – er enghraifft yng nghasgliad papurau newydd hanesyddol digidol hynod ddiddorol y Llyfrgell Genedlaethol – yn arwain at nifer o adroddiadau am ddamweiniau trasig, gan gynnwys am gyrff yn dod i'r fei mewn plymbyllau a cheunentydd. Mae un enghraifft o stori drasig yn cael ei hadrodd ym Maner ac Amserau Cymru ym Medi 1892, ac yn mynd i fanylder mawr:

'Cliriwyd y dirgelwch a amgylchynai ddiflaniad Mr. Wiliiam Jones, masnachydd o Dremadog, i fyny mewn trengholiad a gynnaliwyd yn Llidiart Ysbytty, cartref y trangcedig, ddydd Iau diweddaf.

Ychydig wedi un ar ddeg o'r gloch nos Lun, yr hon oedd yn noson dywyll ac ystormus, cychwynodd Griffith Williams, amaethwr, a'i ddau nai, Richard a Llewelyn, ynghyd â mwnwr, o'r enw Stephen, o Dremadog tua Chefn Coch Uchaf, ar hyd y llwybr traed sydd yn arwain ar hyd ochr y mynydd i'r ucheldir. Mr. Jones a ddywedodd fod gan y parti nifer o nwyddau i'w cario, a gymmerodd fachgen gydag ef, ac aeth gyda hwy. Pan gyrhaeddasant y beudy, ryw bum llath uwch law y rhaiadr, dywedodd Mr. Jones 'Nos dawch' wrth y parti, ac ymgeisiodd wneud ei ffordd yn ol drwy y tywyllwch etto. Dyna'r olaf welwyd arno yn fyw. Yn gynnar fore dranoedd gwelodd Griffith Jones, llafurwr amaethyddol, gorff Mr. Jones mewn ceubwll i [?] ... cwympai y rhaeadr dros y dibyn. Yr oedd ein ben wedi ei guro i mewn rhwng y creigiau yng ngwaelod y pwll. Yr oedd archoll dair modfedd a hanner o hyd ar y pen, yn cyrhaedd i lawr i'r asgwrn. Yr oedd archollion eraill trymach ac ysgafnach ar y gwyneb a'r corph. Credid [?] fod y trangcedig wedi camgymmeryd ymyl y dibyn am y grisiau a arweinient i lawr i'r llwybr troed, ac wedi syrthio i lawr i'r gwaelod ar ei ben. Rhaid fod marwolaeth wedi digwydd yn uniongyrchol. Dychwelwyd rheithfarn o 'Farwolaeth ddamweiniol."

Hyd yn oed heddiw, mae damweiniau difrifol a marwolaethau yn digwydd ar hyd afonydd creigwely a chreigwely-llifwaddodol cymysg Cymru. Ym mis Awst 2021, er enghraifft, anogodd Awdurdod Parc Cenedlaethol Bannau Brycheiniog ymwelwyr i fod yn ofalus wrth ymweld ag afonydd Bro'r Sgydau (Ffigurau 3.3 a 3.4) ar ôl dwy farwolaeth a nifer uchel o alwadau brys i'r ardal yn gynharach yn y flwyddyn.

LLÊN GWERIN A CHWEDLAU

Mewn diwylliannau ym mhedwar ban byd mae cyfoeth o lên gwerin a chwedlau i'w cael ar lannau afon ac yn aml yn gysylltiedig â'r creaduriaid sy'n byw ynddyn nhw. Er enghraifft, mae coginio eog mewn ceubyllau gan ffigwr chwedlonol y Coyote yn amlwg yn un o chwedlau pobl frodorol gogledd orllewin yr Unol Daleithiau; gelwir twll siâp cylch yng nghreigiau'r Big River yn nhalaith Washington yn Coyote's Kettle hyd heddiw. Mae ceubyllau yng Nghymru hefyd yn aml wedi'u henwi'n gan ddefnyddio geiriau ar

Ffigur 3.3: Ceubyllau a chreigwely llithrig ger Sgwd Isaf, Clun-gwyn ar Afon Mellte, islaw Ystradfellte, Powys (DR).

Ffigur 3.4: Sgwd Isaf, Clun-gwyn, Afon Mellte, islaw Ystradfellte, Powys (DR).

gyfer offer coginio – yn enwedig 'crochan'. Er enghraifft, yn ei gyfrol *A Tour Round North Wales* a gyhoeddwyd ym 1800, disgrifiodd William Bingley, clerigwr, naturiaethwr ac awdur toreithiog o Loegr a archwiliodd ogledd Cymru tra'r oedd yn fyfyriwr yng Nghaergrawnt, geubyllau a welodd yn y Twll Du yng Nghwm Idwal, Eryri:

'Amongst the rocks, at the bottom, I observed a number of circular holes of different sizes, from a few inches in diameter to feet or upwards, which have been formed by the eddy of the torrent from above. These hollows are frequently called by the Welsh people, Devil's pots, and from this circumstance, the place itself is sometimes called the Devil's kitchen.'

Efallai mai'r ceubwll enwocaf yng Nghymru yw Crochan y Diafol ym Mhontarfynach (gweler Adran 1). Gellir ymweld â'r darn yma o Afon Mynach ar y rhan i fyny'r afon o'r rhaeadr. Mae Pontarfynach yn enghraifft wych o ble mae chwedl wedi'i ysbrydoli gan dirwedd serth, cul ceunant creigwely sydd wedi cael ei erydu yn rhannol drwy gyfuniad ceubyllau, ac o bosibl hefyd gan enw Crochan y Diafol (a allai fod yn hŷn na'r chwedl ei hunan). Yma dywedir fod buwch yn perthyn i ddynes leol rywsut wedi croesi Afon Mynach (Ffigur 3.5). Wrth i'r ddynes chwilio am y fuwch, ymddangosodd y diafol, a cynigiodd godi pont ar draws yr afon iddi, er mwyn iddi arwain y fuwch yn ei hôl. Amod y diafol oedd y byddai'n meddiannu enaid y peth byw cyntaf i groesi'r bont newydd. Yn gyfrwys iawn,

Ffigur 3.5: Afon Mynach ger Crochan y Diafol ym Mhontarfynach, Ceredigion (ST).

Ffigur 3.6: Golygfa i lawr o Bont y Pair ar geubyllau a ffurfiau cerfiedig Afon Llugwy, Betws-y-Coed, Conwy (DR).

pan ymddangosodd y bont newydd ysblennydd y bore wedyn, cerddodd y wraig i lawr ati gyda'i chi bach a gwelodd y diafol yn aros ar y lan gyferbyn. Taflodd y wraig grystyn o fara dros y bont, a dyma'r ci yn rhedeg nerth ei draed er ei ôl. Cymerodd y diafol enaid y ci anffodus, yn hytrach nag enaid y ddynes felly, a chafodd hi ei buwch yn ôl a gallu cerdded i ffwrdd wedi trechu'r diafol.

Enghraifft arall o'r math hardd hwn o enw yw Pont y Pair ym Metws-y-Coed (Ffigurau 3.6 a 3.7), enw sy'n disgrifio'n berffaith dŵr berw Afon Llugwy islaw. Enghraifft arall wedyn yw'r un a ddisgrifir yn y dyfyniad canlynol o'r llyfr gan Brian Waters, *Severn Stream* (1949). Mae Waters yn disgrifio'i daith at raeadr Blaenhafren ar Afon Hafren (Ffigur 3.8):

> *'At present beyond the green mountain slopes there is nothing to distract the walker from the river's beauty, which reaches its artistic culmination at Blaen Hafren. Here the river cascades through a hole in a dome of rock, filling a circular pool, the size of a small room, while another smaller pool lies in the open outside this chamber. Out of the second pool the river flows over a smooth slab of rock twenty-five feet long at an incline of forty-five degrees.*
>
> *These extraordinary pools formed through the gyrating of stones among the rock are known as Llyn Crochan – the pot pool. I decided to bathe, not without thought that one might be swept out of the pool and down this natural water-chute on to the rocks below. Before entering the water I took a drink at the outer pool to quench my thirst, and then entered by this pool through the narrow portal of the*

Ffigur 3.7: Afon Llugwy o dan Bont y Pair, yn edrych i lawr yr afon (DR).

Ffigur 3.8: Rhaeadr a phlymbwll Blaenhafren, Afon Hafren, Powys (DR).

crochan. One is almost deafened by the cascade pouring into these enclosed confines, and has a feeling of imprisonment as the roof half-canopies over one's head, for it is as though one is standing inside an egg, the top of which has been cut open. I stepped over the large loose stone that had created this chamber and plunged into the fascinating obscurity of the place.'

Yn ôl y sôn roedd Afon Conwy yn gartref i anghenfil chwedlonol o'r enw'r Afanc, a ddisgrifir weithiau fel rhyw fath o grocodeil, dro arall fel afanc anferth ac weithiau fel corrach. Dywedir ei fod yn byw ym Mhwll (neu Lyn) yr Afanc yn Afon Conwy, yn union islaw pont yr A470 ger Betws-y-Coed a ger llawer o ddarnau creigwely trawiadol megis Ffos Anoddun. Bwriwyd y bai am lifogydd mynych yr afon ar stranciau'r Afanc yn ei bwll a phenderfynwyd bod yn rhaid symud yr anghenfil. Hudodd morwyn ifanc yr anghenfil o'r dŵr a gosododd gof gorau Cymru ef mewn cadwyni, a'i glymu i ddau ych cryf a'i tynnodd yr holl ffordd i Lyn Glaslyn ar lethrau dwyreiniol yr Wyddfa. Cymaint oedd ymdrech yr ych nes i lygad un ohonynt gael ei wasgu o'i le, a llifodd y dagrau a chreu llyn arall: Pwll Llygad yr Ych, ger Moel Siabod. Mae'r Afanc hefyd i'w weld yn llên gwerin Sir Benfro lle dywedir mai bedd anghenfil dyfriol yw siambr gladdu Bedd yr Afanc ger Brynberian – anghenfil y bu'n rhaid ei ladd oherwydd yr hafoc a achosodd ar lethrau'r Preseli.

Bodau chwedlonol eraill sy'n gysylltiedig ag afonydd creigwely a chreigwely-llifwaddodol cymysg Cymru yw'r Tylwyth Teg; ym Mhistyll Rhaeadr arferid cyfeirio at y bwa naturiol (gweler Adran 4) fel Pont y Tylwyth Teg. Mae un stori, a adroddwyd gan ohebydd i bapur newydd *Tarian y Gweithiwr* ym mis Rhagfyr 1892, yn enghraifft wych o dirwedd a geomorffoleg yn creu llwyfan i chwedl am y Tylwyth Teg. Lleolir yr hanes yn rhan uchaf Dyffryn Conwy (Ffigur 3.9 a 3.10):

'Ym mhlwyf Ysbyty Ifan yma, mae fferm o'r enw Trwyn Swch; ac yno, bedwar ugain mlynedd yn ol, trigai gwr a gwraig ieuanc. Ganesid iddynt efeilliaid, ac un diwrnod, a'r gwr oddicartref, aeth y wraig allan i odro, gan adael y gefeilliad yn y cryd. Pwy ddaeth i fewn ond un o'r Tylwyth Teg, ac yn unol a'u castiau arferol, aeth a'r babanod ymaith, gan adael dau edlych o'i epil ei hunan yn eu lle. Dychwelodd y fam, ac yn ei chynddaredd pan ganfu'r cyfnewidiad, cipiodd yr estroniaid yn ei dwylaw, a phrysurodd a hwy i ben y bont sydd yn croesi ceunant erchyll y Gonwy, yn agos i'r ty, a hyrddiodd hwy i'r corbwll islaw! Yn y fan yr oedd y lle'n heidio o Dylwyth Teg, rhai o honynt yn ceisio achub eu cyfneseifiad, a'r lleill yn prysuro at y ddynes. "Crap ar y wrach! Crap ar y Wrach!" gwaeddai un o'u penaethiaid. "Rhy hwyr, grafaglach!" gwaeddai'r wraig yn fuddugoliaethus oddi-ar ben y geulan. Rhedodd rhai o honynt ar ei hol at y ty, ac yn eu brys gadawsant ar eu holau dystiolaethau pendant o'u bod, ac un o'u harferion.

Yn awr, ohebwyr digred, beth ddywedwch chi, tybed, pan hysbysir chwi fod y tystiolaethau hyn, - tystiolaethau gweledig teimladwy, - ar gael heddyw? Bu agos i mi fedru cael cyfle i ddwyn un o honynt i'w anfon, i'r Gol., fel y byddai ei argyhoeddiad ef yn sicr, ond methais.

Nid yn unig yr oedd y Tylwyth Teg yn bodoli, ond yr oeddynt yn arfer ysmocio, - gwelsom y catiau a ddefnyddient! Collodd tri neu bedwar eu catiau ar y cae wrth redeg ar ol gwraig Trwyn Swch, a chafwyd hwy yno wedy'n! Catiau wedi eu gwneud yn ddel o gareg las y ceunant ydynt, oddeutu dwy neu dair modfedd o hyd. Cafwyd amryw o honynt o dro i dro yn agos i ogof Trwyn Swch, a chan mai "catiau'r Tylwyth Teg" y gelwir hwy, a'u bod yn gysylltiedig a'r hanesyn ar lafar gwlad, pa le mwyach sydd i amheuaeth yng nghylch bodolaeth y Tylwyth Teg.'

Ffigur 3.9: Ceubwll ar Afon Conwy ger Trwyn Swch, Conwy (DR).

Tud 52 a 53:
Ffigur 3.10: Fferm Trwyn Swch a Dyffryn Conwy yn y cefndir (DR).

ADRAN 4
• CEUBYLLAU A CHELFYDDYD •

Yn Adran 3, trafodwyd sut mae pobl Cymru wedi defnyddio ceubyllau, plymbyllau a nodweddion eraill afonydd creigwely a chreigwely-llifwaddodol cymysg ar gyfer pysgota. Amlinellwyd hefyd enghreifftiau yn dangos sut y mae'r nodweddion yma wedi bod yn beryglus, a sut y maent wedi ysbrysoli straeon a chwedlau. Yn yr adran hon, rydym yn ategu ac yn ehangu ar rai o'r themâu hanesyddol yma trwy roi rhai enghreifftiau o sut mae golwg, sŵn a gwead ceubyllau a ffurfiau cysylltiedig wedi ysbrydoli gwahanol fathau o gelfyddyd dros yr ychydig ganrifoedd diwethaf, gan gynnwys gan awduron taith a sgwennwyr, beirdd, artistiaid a gwneuthurwyr ffilmiau. Dechreuwn, fodd bynnag, drwy ystyried sut y gellir ystyried ceubyllau fel cerfluniau naturiol, fel gweithiau celf yn y dirwedd, a sut all hyn ysbrydoli'r celfyddydau.

ESTHETEG CEUBYLLAU

Fel y dangoswyd yn yr adrannau blaenorol, gall geomorffolegol, ecoleg, a hanes cymdeithasol ceubyllau a ffurfiau creigwely cerfiedig cysylltidig i gyd ysbrydoli ein chwilfrydedd deallusol. Fodd bynnag, ar lefel mwy sylfaenol, yr hyn sydd yn aml yn ein denu atyn nhw i ddechrau yw gwerthfawrogiad o'u harddwch esthetig. Mae'r ffotograffau yn y llyfr hwn yn dangos bod ceubyllau o bob lliw a llun a math i gael, yn aml ar hyd continwwm, ac yn aml yn yr un lleoliad. Mae pob ceubwll actif - hynny yw, y rhai sydd o leiaf weithiau o dan ddŵr yr afon - yn newid yn gyson, er yn araf iawn, iawn fel arfer (Adran 1). Mae fortecsau llif a sgrafelliad gan silt, tywod a graean (Ffigur 4.1) yn llyfnhau corneli ac ymylon garw a thros miloedd neu degau o filoedd o flynyddoedd yn creu cromliniau hardd ceubyllau a ffurfiau creigwely cerfiedig cysylltiedig (Ffigurau 4.2 a 4.3).

Ffigur 4.1: Cobl yn chwyrlio mewn ceubwll, Afon Dulas (ogleddol) ger y ffin rhwng Powys a Gwynedd (DR).

Ffigur 4.2: Ffurfiau wedi'u cerflunio o dan y dŵr ar Afon Twymyn, Powys, gyda gwaddod tywod a graean (DR).

Ffigur 4.3: Ffurfiau cerfiedig tanddwr ar Afon Twymyn, Powys, gyda rhai coblau mawr mewn ceubwll (DR).

Gall gwerthfawrogiad o'r synnwyr 'dyfnach' (h.y. hirach) yma o amser hefyd ein helpu i weld ceubyllau fel cerfluniau naturiol: gwaith ar y gweill. Mae fortescau dŵr yn mynd a dod, ac mae gwaddod yn symud yn ysbeidiol, felly wrth i eiliadau, diwrnodau, wythnosau, misoedd a blynyddoedd fynd heibio bydd newidiadau bach yn digwydd yn y ceubyllau, a bydd tystiolaeth o hyn fel olion taro a darnau wedi'u naddu i'w gweld. Er bod mwyafrif y newidiadau yn amhosib i'w gweld ar raddfa bywyd pobl (Adran 1), trwy ffenest y dychymyg, mae'n bosib y gallwn weld effaith cronnus y newidiadau bychain yma dros raddfeydd amser hirach. Gall ceubyllau a ffurfiau cysylltiedig ysgogi synhwyrau eraill heblaw golwg yn unig: mae gwaith Brian Waters yn sôn am y profiad clywedol y mae dŵr tyrfol yn ei greu wrth lifo dros y creigwely (gweler Adran 3) tra gall symudiad gwaddod greu synau unigryw hefyd. Mae cyffwrdd â cheubyllau a ffurfiau cerfiedig eraill fel rhigolau, rhychau a sbiralau hefyd yn brofiad cyfoethog. Maen nhw, a'r cerigos sydd wedi eu treulio gan ddŵr y tu mewn iddynt, yn aml yn llyfn. Er y gall ymweld ag orielau celf fod yn brofiad hynod gyfoethog, yn draddodiadol anogwyd pobl i beidio â chyffwrdd â'r gweithiau, ac yn aml maent y tu ôl i raff neu yn hongian ar wal. Nid oes cyfyngiadau o'r fath ym myd natur. Cyfrannodd yr elfennau synhwyraidd hyn o weld, clywed a chyffwrdd at geubyllau a ffurfiau creigwely eraill yn ysbrydoli straeon a chwedlau, ac at gerddi, ysgrifau, gan gynnwys ysgrifau taith, gweithiau celf a ffilmiau.

YSGRIFAU TAITH A LLENYDDIAETH ERAILL

Bu rhaeadrau Cymru yn atyniadau mawr i lenorion y ddeunawfed ganrif a'r bedwaredd ganrif ar bymtheg, a oedd yn aml yn chwilio am dirweddau y gellid eu hystyried yn 'ddarluniadol' neu hyd yn oed yn 'aruchel' (neu 'arddun' – 'sublime') – gyda'r enw olaf yn cael ei ddefnyddio i olygu agweddau o natur, celfyddyd, adeiladau, iaith, arddull, neu weithiau diwylliannol eraill a oedd yn cael eu codi uwchlaw'r rhelyw. Daeth nifer o raeadrau ledled Cymru yn rhan o deithiau'r sgwennwyr hyn, a byddent yn aml yn cyfeirio'r darllenydd at fannau penodol, ac weithiau at olygfeydd penodol, er mwyn i'r darllenydd allu profi'r 'darluniadol' neu'r 'aruchel' eu hunain. Er enghraifft, yn ei *Tours in Wales* (cyfrol 3, 1778) mae Thomas Pennant, y naturiaethwr, llenor, teithiwr a hynafiaethydd Cymreig enwog, yn disgrifio Pistyll Rhaeadr ym Mhowys (Ffigur 4.4):

'After sliding for some time along a small declivity, it darts down at once two-thirds of the precipice, and, falling on a ledge, has, in the process of time, worn itself a passage through the rock, and makes a second cataract beneath a noble arch which it has formed; on the slippery summit of which, a during shepherd will sometimes terrify you with standing.'

Gallai'r bwa naturiol yma fod wedi cael ei greu gan gyfuniad ceubyllau (gweler Adran 1). Sawl degawd yn ddiweddarach ysgrifennodd George Borrow, yr awdur taith enwog o Norfolk, a deithiodd yn helaeth trwy Gymru, yn ddifriol am y bwa naturiol yma. Yn ei gyfrol *Wild Wales: Its People, Language and Scenery* (1862) mae'n disgrifio'r bwa fel 'ugly black bridge or semi circle of rock' ac 'unsightly' a 'no one could regret if nature in one of her floods were to sweep it away'. Tra'r oedd yn sefyll ar astell yn edrych ar y rhaeadr daeth dynes ato a chyflwyno ei hun mewn 'imperfect English' fel meistres y tŷ a chynnig ei dywys i fyny gydag ochr y rhaeadr. Derbyniodd y cynnig a dweud wrthi y gallai siarad Cymraeg ag e. Aeth ag e mor agos at y rhaeadr fel ei fod 'almost blinded by the spray'. Roedd y bwa gerllaw nawr yn 'rising like a spectral arch, spray and foam above it, and water rushing below.' Dywed wrthi wedyn mai pont ar gyfer 'ysprydoedd' rhagor pobl oedd hon. Dyma hi'n cytuno gan ddweud y gwelodd hi ddyn yn ei chroesi unwaith a'i fod wedi 'wriggled up the side like a llysowen till he got to the top, when he stood upright for a minute, and then slid down on the other side.'

Ffigur 4.4: Pistyll Rhaeadr, Powys, a'i fwa naturiol (DR).

Yn ei *Guide to the Beauties of Glyn Neath* (1835) disgrifiodd William Young daith ar hyd Afon Dulais, llednant o Afon Nedd, pryd y cafodd hyd i geubyllau dramatig:

'The Dylais is one of the most considerable streams which discharge into the Neath, and the ride up the valley through which it flows, will occupy great part of a day: there are many lovely scenes, no considerable falls, but very beautiful rapids; in flowing over the rocky ledges, the action of the water has made some very extraordinary round holes, from one feet to three and four feet in diameter, as though bored by a tool, some of them from five to six feet deep.'

Disgrifiodd Arthur Aikin, cemegydd, mwynolegydd ac awdur *Journal of a Tour through North Wales and part of Shropshire* (1797), ymweliad â Phontarfynach. Fel a amlinellwyd mewn adrannau blaenorol, yn y lleoliad yma mae Afon Mynach wedi cerfio ceubyllau dwfn a cheunant cul, ac yna yn disgyn dros gyfres o raeadrau at Afon Rheidol:

'After a long and rather tedious walk ..., we came suddenly to a most singularly striking spot. The valley of the Rhydol contracts into a deep glen, the rocky banks of which are clothed with plantations, and at the bottom runs a rapid torrent. This leads soon to the spot that we were in search of, which is full of horrid sublimity. It is formed by a deep dark chasm or cleft, between two rocks, which just receives light enough to discover at the bottom, through the

tangled thickets, an impetuous torrent, which is soon lost under a lofty bridge. By descending a hundred feet, we had a clearer view of this romantic scene, just above our heads was a double bridge, which has been thrown over the gulph ... The water below has scooped out several deep chasms in the rock, through which it flows before it dives under the bridge.'

Yn uwch i fyny Afon Rheidol o Bontarfynach mae ceunant creigwely arall. Mae pont droed gul o'r enw Popmren 'Ffeiriad yn ei chroesi yn fan hyn, a gellir gweld nifer o geubyllau mawr (Ffigur 4.5). Disgrifiodd Thomas Owen Morgan yr olygfa o Bompren 'Ffeiriad fel 'a scene both sublime and horrible.' yn ei *New Guide to Aberystwyth and its Environs* (1864).

Yn eu *Gossiping Guide to Wales, North Wales and Aberystwyth* (a gyhoeddwyd o gwmpas tua 1921 mae'n debyg), mae'r awduron Askew Roberts ac Edward Woodall hefyd yn crybwyll y lleoliad yma, ond maen nhw'n llawer mwy caredig:

'The Parson's Bridge is a mile and a half higher up the Rheidol .... It is a magnificent bit of rock and river scenery; and some time might be spent agreeably in exploring the banks of the Rheidol, which rushes through a fine ravine with overhanging rocks, and pot-holes in the bed of the stream.'

BARDDONIAETH

Mae naws farddonol i nifer o'r disgrifiadau uchod, ond mae afonydd creigwely a chreigwely-llifwaddodol cymysg

Ffigur 4.5: Ceunant yn Afon Rheidol, Ceredigion gyda cheubyllau ym Mhompren 'Ffeiriad (DR).

Cymru hefyd wedi ysbrydoli'r beirdd eu hunain. Mae rhai o'r safleoedd poblogaidd a drafodwyd eisoes yn dod i'r amlwg eto. Tua'r flwyddyn 1831, ysgrifennodd Daniel Ddu o Geredigion (Daniel Evans) y gyfres ganlynol o englynion. Mae'r gerdd hon hefyd yn adlewyrchu syniadau am yr aruchel, yn yr ystyr y disgrifir natur hardd ond ofnadwy y rhaeadrau a'r ceunant syfrdanol. Yng nghyd-destun ceubyllau a ffurfiau cerfiedig eraill, y disgrifiad o'r llif yn llyfnhau'r graig i siâp llwy sy'n taro tant.

I Bont ar Fynach (Yn hon a elwir Pont y Gwr Drwg)

Yn burlan uwch y berwlif - y sefi,
    Uwch safn cwm y mawrlif;
    Lle y llam yr hylla' llif
    Ddeugeinllath yn ddig wynllif.

Wyt gadwyn yn dwyn dywenydd, - a chlod
    Gwych lydan trwy'n bröydd;
    A rhaff, na ddaw byth yn rhydd,
    Wyd i fwnwgl dau fynydd.

Danat heb baid naid ofnadwy - raiadr
    Gan ruo trwy'r adwy, -
    A chan nerth ei ryferthwy,
    Gwna y llif y graig yn llwy.

Mae anian ddiran yn gynddeiriog - wyllt,
    A'i gwedd yma'n llidiog;
    Ei tharan sy'n fytheiriog,
    A'i gruddiau yw creigiau crôg.

O'th ben, bont fwynwen fanol, - edrycher
    I drachwith bant ffrydiol;
    Pa enaid na naid yn ol
    O sydyn fraw arswydol!

Mi a wn mai rhyw ymenydd - cadarn
    Fu'n rhoi cydiad celfydd
    Y Bont addien ysblennydd,
    Uwch ceudod yn syndod sydd.

Llesiol wyt, trwy'r holl oesoedd, - da waith,
    I deithwyr, aml filoedd;
    Camfa lân uwch cwm â'i floedd
    Nwyfus yn cyrhaedd nefoedd.

Gwir draws yw rhoi i'r Gwr Drwg - y moliant
    Am haeledd mor amlwg;
    I ni dda mae'n wir na ddwg
    Etifedd cas y tewfwg.

Mae Pontarfynach hefyd yn ymddangos yng ngwaith un o feirdd enwocaf y mudiad Rhamantaidd: William Wordsworth. Ar ôl ymweld â'r safle ysgrifennodd Wordsworth y gerdd isod (1824). Mae 'Pindus' yn cyfeirio at gadwyn o fynyddoedd o'r un enw yng ngogledd Gwlad Groeg a de Albania. Mae Viamala yn cyfeirio at geunant cul ar hyd Afon Hinterrhein yn y Swistir, sy'n debyg iawn o ran ffurf i'r ceunant ym Mhontarfynach, yn cynnwys ceubyllau a nifer o bontydd hanesyddol hyd yn oed. Yn iaith Románsh y rhanbarth, ystyr Via Mala yw 'llwybr drwg'.

To the Torrent at Devil's Bridge

How art thou named? In search of what strange land,
From what huge height, descending? Can such force
Of waters issue from a British source,
Or hath not Pindus fed thee, where the band
Of patriots scoop their freedom out, with hand
Desperate as thine? Or come the incessant shocks
From that young stream that smites the throbbing rocks
Of Viamala? There I seem to stand,
As in life's morn; permitted to behold,
From the dread chasm, woods climbing above woods,
In pomp that fades not; everlasting snows;
And skies that ne'er relinquish their repose:
Such power possess the family of floods
Over the minds of poets, young or old!

Ar ochr arall Mynyddoedd Cambria, mae nifer o hydoedd creigwely a chreigwely-llifwaddodol cymysg trawiadol i'w cael. Roedd William Lisle Bowles yn fardd natur a chyfoeswr i Wordsworth, ac yn ei gerdd 'From Coombe-Ellen', (1798), mae'n disgrifio mewn ffordd fyw iawn ei ymweliad â Chwm Elan ac mae'n debygol iawn bod y darn canlynol yn cyfeirio at ran o'r afon o'r enw Pont Hyllfan:

And lo! the footway plank, that leads across
The narrow torrent, foaming through the chasm
Below; the rugged stones are washed and worn
Into a thousand shapes, and hollows scooped
By long attrition of the ceaseless surge,
Smooth, deep, and polished as the marble urn,
In their hard forms. Here let us sit, and watch
The struggling current burst its headlong way,
Hearing the noise it makes, and musing much
On the strange chances of this nether world.
How many ages must have swept to dust
The still succeeding multitudes that "fret
Their little hour" upon this restless scene,
Or ere the sweeping waters could have cut
The solid rock so deep! As now its roar
Comes hollow from below, methinks we hear
The noise of generations as they pass.

Mae ffotograffau hanesyddol yn dangos y 'footway plank' a'r ceunant yn ei gyflwr naturiol (Ffigur 4.6) ond mae pont ffordd garreg wedi hen gymryd lle'r astell (Ffigur 4.7) a dofwyd y 'ceaseless surge' gan yr argae yn uwch i fyny'r afon. Serch hynny, pan fo llif yr afon yn isel, mae modd gweld y ceubyllau 'smooth, deep, and polished' ym Mhont Hyllfan hyd heddiw (Adrannau 1 a 2).

Ffigur 4.6: Llun hanesyddol (1886) o Bont Hyllfan, Powys, yn dangos y bont droed bren dros y ceunant.

Ffigur 4.7: Llun modern o Bont Hyllfan ar lif isel (DR).

Mentrodd rhai beirdd Cymreig ymhellach a chael ysbrydoliaeth ar lannau afonydd creigwely mewn gwledydd eraill. Cyhoeddodd Ieuan Ionawr (Evan Jones) ddwy gerdd am afonydd de America yn *Y Tyst Cymreig* (1869). Mae'r gerdd gyntaf am raeadrau Tequendama, plymbyllau a cheubyllau ar Río Bogota yng nghanolbarth Colombia (o bosibl wedi'u sillafu'n anghywir fel Sequendama):

Rhaiadr Mawr Sequendama *(detholiad)*

Y ffrwd oedd yng ngwaelodion y crech-lyn yn crych-droi,
Ac amryw o enfysau amryliw'n ei gordoi;
Fel trydan hwy ymlidient y naill ar ol y llall,
A thwf rhuadwy'r weilgi yn berwi oedd ddi-ball;
Y ffrydlif a ymruthrai hyd wely garw'r graig
A chollai'n llwyr ei hunan yn nhrobwll dwfn yr aig;
Ar ochrau'r crwnlyn anferth y crogai llysiau fyrdd
A'r lluoedd heirdd dwmpathau mewn gwyn a choch a gwyrdd;
Y cangau braisg a'r blodau ymblethent bob yn ail
Ac adar paradwysaidd yn dawnsio rhwng y dail,
Uwchben y gwagle erchyll ehedent weithiau'n llon
A'u plyf amryliw euraidd yn annarluniawl bron.
Y ffiydiau byw grisialaidd dan furmur aent i lawr,
Nid oeddynt ond fel defnyn i'r pair berwedig mawr,
Pe rhuai mil o lewod newynog yn eu broch
Eu lleisiau er mor echrys a foddai'r rhaiadr croch;
Ar waelod berw'r ceubwll pelydrai'r haul yn wan,
A chroch daranau'r cwympiad yn crynu'n mhell o'r lan.

Mae'r ail gerdd i fwa creigwely naturiol ar afon ddienw yn yr Andes:

Y bont naturiol *(detholiad)*

Y bwa clegyrog uwchben y llyn tro
Sydd dri o glogwyni, ac un yn faen clo,
A thrwyddo y gwelir y llynclyn islaw …

…Y fangre sydd aruthr ac hefyd yn dlos;—
Y pontydd ysgythrog a'r llynclyn a'i wg
Sydd ddelw ddigymhar o drigfa'r gwr drwg.

Tybed a oedd ei ddisgrifiad o'r safle hwn fel '[t]rigfa'r gwr drwg' yn dangos dylanwad enw arall Pontarfynach - Pont y Gŵr Drwg? Efallai, ond fel nifer o gerddi, mae gwaith Ieuan Ionawr yn llwyddo i gyfleu'r syfrdan aruchel a deimlir wrth fod ger ceubyllau, ffurfiau cerfiedig eraill a dŵr yn rhaeadru.

CELF WELEDOL

Mae rhai paentwyr a ffotograffwyr hefyd wedi cael eu hysbrydoli gan geubyllau a hydoedd o afonydd creigwely a chreigwely-Ilifwaddodol cymysg yng Nghymru. O gymharu gyda'r sylw a roddir i raeadrau a cheunentydd, fodd bynnag, cymharol brin yw'r ffocws penodol a gafwyd ar geubyllau a ffurfiau cerfiedig cysylltiedig.

Serch hynny, yn y llyfr *Wales: The First Place* (1982) a ysgrifennwyd gan Jan Morris, gyda lluniau gan Paul Wakefield, mae yna ffotograff dinoethiad hir o Afon Twymyn yn dangos enghreifftiau o nodweddion cerfiedig naturiol a ffotograff agos o geubwll ar Afon Lloer yn Eryri. Yn *100 o Olygfeydd Hynod Cymru* Dyfed Elis-Gruffudd (2014), sy'n canolbwyntio ar 100 o dirweddau mwyaf nodedig Cymru, mae nifer o ffotograffau o geubyllau a ffurfiau afonydd creigwely cysylltiedig. O gofio nodweddion esthetig, gweledol ceubyllau a ffurfiau cerfiedig creigwely eraill, fodd bynnag, efallai ei bod ychydig o syndod na chawsom hyd i fwy o enghreifftiau o gelf weledol.

CREU FFILMIAU

Ffilmiwyd y gyfres dditectif noir ddwyieithog *Y Gwyll/ Hinterland*, a oedd yn boblogaidd iawn yn rhyngwladol, yng Ngheredigion, ac mae'r dyffrynnoedd afonol dwfn yn yr ucheldiroedd yn cyfrannu'n gryf at greu'r awyrgylch dramatig, arswydus lle mae nifer o olygfeydd yn digwydd. Mae Pontarfynach yn llwyfan amlwg yn sawl pennod, gan gynnwys ym mhennod gyntaf y gyfres gyntaf, pan mae rhaid i'r ditectif, Mathias, ddringo i lawr i blymbwll o dan ran o'r rhaeadr i dynnu corff o'r dŵr. Fel y dangoswyd yn Adran 3, mae damweiniau erchyll wedi digwydd yn ddigon aml ar lannau Ilithrig afonydd Cymru. Mae ffilmio *Y Gwyll* yn chwarae gyda'r synnwyr o berygl, tra ar yr un pryd yn cysylltu gyda'r elfennau o ryfeddod a braw a brofodd cynifer o'r sgwennwyr taith, ysgrifwyr a beirdd a drafodwyd ynghynt.

ADRAN 5

• ENGHREIFFTIAU RHYNGWLADOL O GEUBYLLAU •

Fel yr ydym wedi dangos mewn adrannau blaenorol, mae ceubyllau yn nodweddion cyffredin mewn llawer o afonydd creigwely a chreigwely-llifwaddodol cymysg yng Nghymru a thu hwnt. Er bod gan afonydd Cymru rai enghreifftiau o geubyllau a nodweddion creigwely cerfiedig cysylltiedig o safon byd-eang, ni astudiwyd y mwyafrif ohonynt yn fanwl yn wyddonol, ac mae tueddiad iddynt beidio â chael eu gwerthfawrogi gan ymwelwyr, yn enwedig o gymharu â nodweddion afonydd mwy o faint, sy'n fwy uniongyrchol weledol fel rhaeadrau a cheunentydd. Gall cymharu ceubyllau Cymru gyda'r rhai a astudiwyd yn fanylach, ac sy'n fwy adnabyddus, mewn rhannau eraill o Ynysoedd Prydain a gwledydd eraill arwain at ddealltwriaeth well, nid yn unig o ran nodweddion ffisegol ceubyllau (e.e. maint, siâp) ond hefyd o ran gwerthoedd diwylliannol ehangach ceubyllau, gan gynnwys canfyddiad cymdeithas ohonynt. Yn yr adran hon, rydym yn trafod detholiad o enghreifftiau rhyngwladol lle mae ceubyllau yn elfen bwysig, ac weithiau'r elfen bwysicaf, o olygfeydd afonydd.

RHANNAU ERAILL O YNYSOEDD PRYDAIN

Nodweddir afonydd yr uwchdiroedd mewn rhannau eraill o Ynysoedd Prydain gan geubyllau a ffurfiau creigwely cerfiedig eraill, sydd yn aml yn ffurfio ar y cyd â rhaeadrau a cheunentydd. Gellir canfod enghreifftiau da yn ucheldir yr Alban (Ffigur 5.1), y Pennines, y Peak District ac Ardal y Llynnoedd yn Lloegr (Ffigur 5.2) ac uwchdiroedd Gogledd Iwerddon. Fel yng Nghymru, fodd bynnag, mae llawer o'r nodweddion yma yn aml yn cael eu hanwybyddu, nid oes astudiaethau gwyddonol wedi eu gwneud ar lawer ohonynt, ac anaml y byddant yn elfennau o'r tirlun sy'n atyniadau ymwelwyr yn eu hawl eu hunain.

Ffigur 5.1: Afon Coe, ger pentref Glencoe, ucheldir yr Alban (ST).

Ffigur 5.2: Afon Eden, ger Kirkby Stephen, Cumbria, Lloegr (DR).

EWROP

Mae rhai gwledydd ar dir mawr Ewrop wedi dechrau rhoi mwy o sylw i werth ceubyllau ar gyfer astudiaethau gwyddonol ond hefyd fel atyniadau i ymwelwyr. Mae

Sbaen yn astudiaeth achos arbennig o dda. Mae astudiaethau o afonydd ym mynyddoedd gorllewin a chanolbarth Sbaen wedi cyfrannu at ddealltwriaeth wyddonol allweddol o esblygiad ceubyllau mewn creigiau gwenithfaen ac yn y degawdau diwethaf, mae Sbaen wedi cymryd camau breision ymlaen o ran cadwraeth natur a geogadwraeth, gan gynnwys mewn perthynas â llawer o safleoedd o dreftadaeth ddaearegol a geomorffolegol pwysig ('geodreftadaeth'). Mae Sbaen bellach yn un o'r gwledydd sydd â'r arwynebedd mwyaf o ardaloedd naturiol gwarchodedig yn yr Undeb Ewropeaidd (25-30% o'i thiriogaeth). Mae afonydd creigwely ac afonydd creigwely-llifwaddodol cymysg yn rhannau allweddol o lawer o dirweddau Sbaen, ac felly maent yn derbyn lefelau amrywiol o amddiffyniad oherwydd eu bod o fewn parciau cenedlaethol, gwarchodfeydd biosffer, safleoedd Treftadaeth y Byd, geobarciau a mentrau lleol a rhanbarthol eraill. Yn Afon Miño, gogledd-orllewin Sbaen, mae ffynhonnau thermol yn atyniad pwysig i dwristiaid ond mae nifer o geubyllau wedi datblygu yn y creigwely gwenithfaen. Ymchwiliwyd i rôl y ceubyllau hyn o ran hyrwyddo cynaliadwyedd geodreftadaeth. Mewn erthygl a gyhoeddwyd yn y cyfnodolyn academaidd *Geoheritage* (2017) mae Miguel Ángel Álvarez-Vásquez ac Elena De Uña-Álvarez wedi dadlau bod gan geubyllau botensial amgylcheddol, addysgol, economaidd-gymdeithasol a diwylliannol (gweler y rhestr ddarllen pellach yn Adran 9). Maent yn amlinellu sut mae camau wedi'u cynllunio i godi ymwybyddiaeth o'r gwerthoedd hyn, gan gynnwys gweithgareddau ac adnoddau addysgol, posteri a thaflenni tairieithog (Galiseg, Sbaeneg, Saesneg), a llwybrau hunan-dywys.

Mewn gwledydd eraill ar dir mawr Ewrop, mae cydnabyddiaeth o werth gwyddonol a diwylliannol ehangach ceubyllau a nodweddion creigwely cerfiedig cysylltiedig hefyd yn tyfu. Yn ne Ffrainc, er enghraifft, gellir dod o hyd i nifer o geubyllau ar hyd afonydd sy'n traenio'r Pyrénées a'r Massif Central, tra yng ngogledd-ddwyrain yr Eidal, gellir dod o hyd i enghreifftiau da o geubyllau mewn afonydd sy'n traenio'r Dolomites.

GOGLEDD A DE AMERICA

Mae ceubyllau a ffurfiau cerfiedig cysylltiedig yn elfen amlwg o lawer o afonydd creigwely a chreigwely-llifwaddodol cymysg yng ngogledd a de America. Astudiwyd rhai yn wyddonol, a chafwyd cydnabyddiaeth o'u gwerthoedd diwylliannol ehangach, a hyrwyddwyd hyn mewn rhai enghreifftiau. Er enghraifft, roedd llawer o geubyllau, nodweddion cerfiedig cysylltiedig, rhaeadrau a cheunentydd yn arwyddocaol i bobloedd brodorol America; yn Adran 3, er enghraifft, amlinellwyd sut mae coginio eog mewn ceubyllau gan ffigwr chwedlonol y Coyote yn amlwg mewn o leiaf un o chwedlau pobloedd brodorol gogledd-orllewin yr Unol Daleithiau. Ymhellach, mewn llawer o gredoau traddodiadol, mae bodau'n byw mewn rhaeadrau a phlymbyllau ac yn dylanwadu ar ymddygiad o'u cwmpas. Yn *Myths of the Cherokee* (1902), disgrifiodd yr ethnograffydd James Mooney chwedl ysbrydion y Thunder Spirits a oedd yn byw mewn rhaeadrau, ymhlith pobloedd y Creek a'r Cherokee yn ardaloedd de-ddwyreiniol mynyddoedd Appalachia yn yr Unol Daleithiau; gall bwystfilod dŵr sy'n byw yn y plymbyllau gynhyrfu'r dyfroedd gan droi cychod a llyncu pobl nad sydd yn eu cydnabod. I ddisgynyddion y bobloedd hyn, gall arwyddocâd diwylliannol y lleoliadau hyn barhau; efallai fod yna debygrwydd i'r modd y mae chwedlau am yr Afanc neu'r Tylwyth Teg yn afonydd lle ceir hyd i geubyllau, rhaeadrau a phlymbyllau yn parhau fel rhan o lên gwerin a chwedlau Cymru (Adran 3). Yn Adran 4, fe wnaethom hefyd amlinellu sut y bu i rai o geubyllau afon ysblennydd de America a'r nodweddion creigwely cysylltiedig ddenu sylw'r bardd Cymreig o Oes Fictoria, Ieuan Ionawr.

Heddiw, mae llawer o afonydd lle ceir hyd i geubyllau yn lleoliadau poblogaidd ar gyfer nofio, yn enwedig yn ystod misoedd poeth yr Haf, yn ogystal â gweithgareddau twristaidd eraill. Mae enghreifftiau amrywiol yn yr Unol Daleithiau yn cynnwys Barton Creek yn Austin, Texas, ac Afon Pedernales ym Mharc Talaith Pedernales Falls ~60 km i'r gorllewin, lle mae ceubyllau yn rhan o afonydd a gerfiwyd mewn calchfaen (Ffigurau 5.3 a 5.4). Ar hyd afonydd amrywiol yn New Hampshire, Vermont a Maine mae ceubyllau wedi'u ffurfio mewn creigwely fel gwenithfaen. Yn Antelope Canyon yn Arizona sydd mor boblogaidd gyda ffotograffwyr, ceir ceubyllau sy'n gysylltiedig â cheunant tywodfaen cul, trawiadol, wedi'i gerflunio'n gywrain ('slot canyon') a ffurfiwyd yn rhannol drwy gyfuniad ceubyllau (Ffigur 5.5). Ym Mharc Cenedlaethol Zion yn Utah, gellir gweld cyfnodau cynnar twf ceubyllau, cyfuniad ceubyllau a ffurfiant ceunentydd ar hyd rhai o'r sianeli llai sy'n raddol gerfio eu llwybrau yn y tywodfaen (Ffigur 5.6).

Yn Nhalaith Washington, gellir dod o hyd i rai o geubyllau mwya'r byd yn y Channeled Scablands, ardal sy'n gorchuddio hyd at ~5500 km^2 a gafodd ei sgwrio dro ar ôl tro gan 'megafloods' yn ystod yr Oes Iâ ddiwethaf. Ffurfiwyd ceubyllau hyd at 30 m o led a 5 m o ddyfnder mewn llifogydd cyflym a ymchwyddodd ar draws y dirwedd basalt yn dilyn methiant argaeau iâ a oedd wedi cronni cyfeintiau enfawr o ddŵr, ac maent yn gysylltiedig â thirweddau eraill a gerfiwyd gan lifogydd gan gynnwys ceunentydd a rhaeadrau (Ffigurau 5.7 a 5.8). O ystyried maint y ceubyllau hyn, mae llawer wedi'u priodoli i blicio hydrolig yn hytrach na'r prosesau sgraffinio mwy graddol sy'n gyfrifol am ffurfio llawer o geubyllau llai o faint (gweler Adran 1). Mae rhai o'r ceubyllau hyn yn cadw dŵr am gyfnodau hir mewn tirwedd sydd fel arall yn gras. Cyfeirir atynt weithiau fel 'vernal pools' ac maent yn cynnal ecosystemau unigryw. Hyrwyddir y ceubyllau hyn a nodweddion eraill sy'n gysylltiedig â llifogydd fel rhan o lwybrau geodreftadaeth mewn rhwydwaith o Barciau Taleithiol a Thirnodau Naturiol Cenedlaethol; er bod eu meintiau yn golygu mai dim ond trwy hedfan trostynt y gellir eu gwerthfawrogi'n llawn mewn gwirionedd, maent yn ddigon mawr i'w gweld yn glir yn nelweddau Google Earth (gweler er enghraifft, nodweddion ger Dry Falls yn 47.591979°, -119.312733°).

Yng Nghanada hefyd, mae lleoliadau gyda cheubyllau weithiau'n cael eu hyrwyddo fel atyniadau ymwelwyr; er enghraifft, ar Ynys Vancouver, British Columbia, mae Parc Rhanbarthol Sooke Potholes a Pharc Taleithiol Sooke Potholes sy'n llai o faint ac wedi ei leoli ar ffin ddeheuol y parc rhanbarthol, ill dau yn cynnig cyfleoedd ar gyfer neidio o glogwyni, nofio a cherdded. Mae'n debyg bod y ceubyllau wedi'u ffurfio tua diwedd yr Oes Iâ ddiwethaf pan oedd dyfroedd tawdd a gwaddod o rewlifoedd a oedd wrthi'n encilio'n erydu'r creigwely gwaddodol.

Ffigur 5.3: Barton Creek, Austin, Texas, Unol Daleithiau America (ST).

Ffigur 5.4: Afon Pedernales yn Pedernales Falls, Texas, Unol Daleithiau America (ST).

Ffigur 5.5: Ceunant Antelope, Arizona, Unol Daleithiau America (DR).

Ffigur 5.6: Parc Cenedlaethol Zion, Utah, Unol Daleithiau America (ST).

Ffigur 5.8: Ceubwll yn y Channeled Scablands ger Dry Falls, Washington, Unol Daleithiau America (ST). Mae rhai rhannau o waliau'r ceubwll yma wedi hindreulio a chwympo, ond mae'r nodwedd yn dal i fod fetrau lawer o led a dyfnder.

ASIA

Gellir dod o hyd i geubyllau afonol yn llawer o wledydd Asia hefyd. Mae erthyglau gwyddonol ar ffurfiau, prosesau ac ecoleg ceubyllau wedi'u cyhoeddi yn seiliedig ar ymchwil a wnaed mewn gwledydd fel India, Tsieina, Gwlad Thai a Thwrci, ac mewn rhai achosion, mae gwerthoedd diwylliannol ehangach ceubyllau hefyd wedi cael eu cydnabod a'u hyrwyddo. Mae Afon Kukadi ym Maharashtra, India, yn cael ei hyrwyddo'n eang fel 'un o ryfeddodau natur', gyda darnau o greigwely basalt a nodweddir gan nifer o geubyllau, ffurfiau cerfiedig eraill a cheunentydd. Mae nifer o demlau nodedig ar lannau'r afon, gan gynnwys teml y duw Malganga. Mae'r bobl leol yn credu bod y ceubyllau hyn yn fendith i Malganga. Yn ne-orllewin Tsieina, mae gan ddyffryn Afon Shenyu yn

Ffigur 5.7: Golygfan ac arwyddbyst yn Dry Falls, Washington, Unol Daleithiau America. Cedwir dŵr mewn plymbyllau ac yn rhai o'r ceubyllau sydd wedi ffurfio o dan y rhaeadrau pan oedden nhw'n actif (ST).

Nhalaith Sichuan hefyd lawer o enghreifftiau ysblennydd o geubyllau a ffurfiau cerfiedig eraill ond yn y lleoliad yma mae'r nodweddion wedi'u herydu mewn creigwely gwaddodol.

Ar hyd Afon Mekong, gellir dod o hyd i gasgliadau trawiadol o geubyllau mewn creigwely tywodfaen ar safle o'r enw lleol 'Samphunbok' neu 'San Pan Bak', sydd wedi'i leoli ar ffin Gwlad Thai a Laos. Ystyr yr enw yw 'tair mil o dyllau' neu 'tair mil o lynnoedd bas'. Fel yn y Channeled Scablands yn yr Unol Daleithiau, mae llawer ohonynt yn ddigon mawr (hyd at 30 m o led a llawer o fetrau o ddyfnder) i'w gweld yn glir yn nelweddau Google Earth (gweler er enghraifft, nodweddion yn 15.799790°, 105.403443°). Mae datblygiad y ceubyllau hyn yn cael ei astudio fel rhan o ymchwiliadau i ddatblygiad hirdymor Afon Mekong, ac mae cynlluniau i hyrwyddo safle Samphunbok fel rhan o Rwydwaith Geobarciau Byd-eang UNESCO (gweler darllen pellach yn Adran 9).

AFFRICA

Mewn llawer o wledydd yn Affrica, mae ceubyllau a ffurfiau cerfiedig cysylltiedig yn nodwedd amlwg o lawer o hydoedd afonydd creigwely a chreigwely-llifwaddodol cymysg, ac yn aml yn ffurfio mewn cysylltiad â sianeli mewnol, rhaeadrau a cheunentydd. Mae gan lawer ohonynt werthoedd diwylliannol amrywiol ar gyfer pobl frodorol ac ar gyfer ymsefydlwyr diweddarach (llawer ohonynt o Ewrop). Mewn llawer o safleoedd, mae cyfoeth o lên gwerin a chwedlau, ac mae rhai yn atyniadau ymwelwyr pwysig. Yn Ne Affrica mae rhai o'r enghreifftiau gorau. Er enghraifft, mae llawer o afonydd ym Mharc Cenedlaethol poblogaidd Kruger yn nwyrain De Affrica wedi cerfio ceubyllau trawiadol mewn amrywiol greigiau igneaidd, metamorffig a gwaddodol (Adran 1), gyda rhai wedi cyfuno i ffurfio sianeli mewnol. Ychydig i'r gorllewin o Barc Cenedlaethol Kruger, mae enghreifftiau gwych o geubyllau mewn cwartsit i'w gweld ar gymer afonydd Treur a Blyde yng Ngwarchodfa Natur Blyde River Canyon (Ffigur 5.9). Mae'r ardal hon yn rhan o atyniad twristaidd Bourke's Luck, a enwyd ar ôl James Bourke, archwiliwr oedd ar drywydd aur a hawliodd dir gerllaw. Er gwaetha'r enw, ni ddaeth Bourke o hyd i owns o aur ond cafodd chwilwyr diweddarach well lwc, gyda rhai yn dod o hyd i ddyddodion cyfoethog yn y rhanbarth. Yn y Warchodfa Natur, cyfuniad ceubyllau fu'r brif broses a ddefnyddiwyd gan yr afonydd i gerfio sianeli mewnol a cheunentydd trwy'r graig gwartsit wrthsefyllol. Mae olion hen geubyllau i'w gweld ar waliau'r ceunant (Ffigur 5.9) ac mae llawer o geubyllau ar lefel bresennol yr afon yn parhau i gael eu datblygu heddiw yn ystod llifogydd egni uchel.

Ymhellach i'r gorllewin, mae sianeli creigwely lluosog (sianeli canghennog) Afon Vaal ger Parys, Free State, yn cynnwys llawer o enghreifftiau gwych o geubyllau ar arwynebau creigwely gwenithfaen a chwartsit (Ffigur 5.10; gweler hefyd Adran 1). Ymhellach i'r gorllewin eto, gellir dod o hyd i geubyllau niferus ar hyd yr amrywiol sianeli creigwely gwenithfaen a chwartsit (sianeli canghennog) sydd gyda'i gilydd yn cynnwys hydoedd o Afon Oren, gyda llawer wedi cyfuno i ffurfio sianeli mewnol. Wrth nesáu at Raeadrau Augrabies – cyfres o raeadrau mawr ar Afon Oren – mae rhai enghreifftiau mawr iawn o geubyllau i'w gweld yn y dirwedd wenithfaen (Ffigur 5.11). Yn *To the River's End* (1948), mae'r newyddiadurwr a'r awdur Lawrence G. Green yn nodi bod dadlau ynghylch dyfnder

Ffigur 5.9: Ceubyllau Bourke's Luck, dwyrain De Affrica (ST).

Ffigur 5.10: Ceubyllau ar hyd Afon Vaal ger Parys, De Affrica (ST).

y plymbwll o dan y prif raeadrau ond bod adroddiadau ei fod o leiaf 40 m o ddyfnder. O ystyried bod afonydd Vaal ac Oren wedi cludo llawer o ddiamwntau ar draws yr is-gyfandir, mae sïon ers tro bod miloedd o emau gwerthfawr yn dal yn gaeth yn y plymbwll hwn. Hyd y gwyddom ni, ni ddaethpwyd erioed o hyd i'r un yn y pwll

Ffigur 5.11: Un o'r awduron (HG) yn myfyrio dros geubwll mawr ger ymyl y prif raeadr ar Afon Oren ym Mharc Cenedlaethol Augrabies Falls, De Affrica (ST).

hwn, er bod diemwntau yn sicr wedi dod i'r fei yn y graean mewn ceubyllau uwchlaw lefel presennol yr afon ar dirwedd hŷn a luniwyd gan yr afon ger Augrabies.

I lawr yr afon o Augrabies, gellir dod o hyd i geubyllau niferus a thirwedd cerfiedig a sianeli mewnol cysylltiedig ar hyd llawer o rannau isaf Afon Oren hefyd; ger Rhaeadr

Ritchie (Rhaeadr !Gariep neu Raeadr Oranje) anghysbell, er enghraifft, ceir crynodiadau mawr o geubyllau a nodweddion cerfiedig eraill a sianeli mewnol mewn gwenithfaen (gweler Adran 1). Mae'n bosibl bod rhai o'r siapiau anarferol a phyllau dwfn yn yr afon wedi helpu i esgor ar chwedl y 'Neidr Fawr' y dywedir ei bod yn byw yn rhan isaf Afon Oren. Yn *To the River's End* (1948), mae Green yn adrodd am bwerau niferus honedig y neidr hon: mae'r rhai sy'n gwrthod credu yn y neidr yn dioddef afiechyd neu farwolaeth, tra gall y rhai sy'n parchu'r neidr ddisgwyl lwc dda, yn enwedig wrth gloddio yn yr afon am ddiemwntau. Efallai y byddai ecolegydd afon yn cael ei demtio i gysylltu'r 'Neidr Fawr' gyda'r fadfall fonitor (monitor Nîl, *Varanus niloticus*, a elwir hefyd yn *likkewaan*) sy'n byw ym mhyllau'r afon ac a all dyfu hyd at ~2.2 m o hyd. Waeth beth fo'r gwir, yn union fel yng Nghymru (Adran 3) a gwledydd eraill (er enghraifft, gweler 'Gogledd a De America' uchod), mae cerhyntau amrywiol geomorffoleg afonydd, ecoleg, hanes cymdeithasol a diwylliant yn cydblethu yma hefyd.

AWSTRALIA/SELAND NEWYDD

Yn Awstralia a Seland Newydd, gellir dod o hyd i enghreifftiau da o geubyllau a ffurfiau cerfiedig cysylltiedig ar hyd llawer o afonydd creigwely a chreiwely-llifwaddodol cymysg. Nifer cymharol fach a astudiwyd yn wyddonol fanwl, ond priodolir gwerthoedd diwylliannol amrywiol gan bobloedd brodorol neu ymsefydlwyr diweddarach i nifer ohonynt, ac mae gan rai gysylltiadau â Chymru. Er enghraifft, ym Mharc Cenedlaethol Fiordland ar Ynys y De yn Seland Newydd, mae Afon Cleddau yn dilyn cwrs serth, tyrfol i gyfeiriad Milford Sound (Piopiotahi).

Mae'r enwau Ewropeaidd yn deillio o'r 1800au cynnar pan enwodd y morwr a'r heliwr morloi a morfilod Cymreig John Grono y swnt ar ôl enw Saesneg Aberdaugleddau yn Sir Benfro. Enwyd yr afon ar ôl yr afon yn Sir Benfro hefyd. Mae'r ffordd i Milford Sound (State Highway 94) yn daith drawiadol sy'n boblogaidd gyda thwristiaid, ac mae un dargyfeiriad byr yn mynd â chi i safle o'r enw The Chasm, lle mae nifer o geubyllau a cheunant cul wedi'u herydu i'r creigwely gwrthsefyllol (Ffigurau 5.12 a 5.13).

Ffigur 5.12: Ceubyllau a ffurfiau creigwely cerfiedig ar Afon Cleddau, Fiordland, Seland Newydd (Tris Irvine-Fynn).

Ffigur 5.13: Ceubyllau ar uchderau amrywiol ar hyd waliau 'The Chasm', Afon Cleddau, Fiordland, Seland Newydd (Tris Irvine-Fynn).

Yn Awstralia a Seland Newydd, yn union fel yng Nghymru a llawer o wledydd eraill ledled y byd, mae rhai rhannau o afonydd gyda cheubyllau a nodweddion afonol creigwely eraill wedi'u difrodi, eu colli, neu maent yn parhau i fod dan fygythiad gan amrywiaeth o effeithiau gweithgareddau pobl (Adran 2). Mewn achosion prin, fodd bynnag, mae estheteg ysblennydd hydoedd afonydd lle cerfiwyd y creigwely wedi helpu gydag ymdrechion cadwraeth. Yn y 1970au, er enghraifft, roedd Afon Franklin yn ne-orllewin talaith Tasmania yn Awstralia dan fygythiad oddi wrth adeiladu argaeau ar gyfer trydan dŵr. Roedd cyfrol o'r enw *Wild Rivers* (1983), gyda thestun gan Bob Brown a ffotograffau gan Peter Dombrovskis (Ffigur 5.14), yn arddangos tirwedd gwych yr afon a'r coedwigoedd glaw ar hyd Afon Franklin ac afonydd eraill y rhanbarth. Ar ôl ymdrech fawr gan ymgyrchwyr, rhoddwyd y cynlluniau ar gyfer yr argae o'r neilltu; ystyrir bod ffotograffau dramatig Dombrovskis a oedd yn darlunio'r hyn a fyddai wedi cael ei golli o dan y dyfroedd wedi cael effaith bwerus ar yr ymgyrch ac felly effaith gadarnhaol ar y penderfyniad hwn. Mae ffotograffau o geubyllau a ffurfiau cerfiedig yn y gyfrol *Wild Rivers* yn cynnwys: 'Polished quartzite above Irenabyss'; 'Rock and Rapid below Pine Camp'; 'Deliverance Reach, Great Ravine' [gyda cheubwll yn y blaendir]; 'Below the Cauldron, Great Ravine'; ac 'Eroded Limestone, Verandah Cliffs'. Mae'r llun 'In Marriotts Gorge, Denison River' yn dangos ffurfiau cerfiedig hardd, yn debyg iawn i'r rhai a welir ar Afon Ystwyth ac Afon Mawddach ac mae 'Pebbles and Pothole' yn olygfa agos o graig wleb a cherrig lliwgar. Yn olaf, mae 'Pothole in the Denison Gorge' yn edrych i lawr ceubwll dwfn, llyfn.

Yn wyneb y bygythiadau i lawer o hydoedd o afonydd byd-eang, ond hefyd ymwybyddiaeth gynyddol o'u gwerthoedd amrywiol a'r awydd cysylltiedig i amddiffyn a hyrwyddo hydoedd o'r fath, efallai y gellir dysgu gwersi o'r enghraifft hon o Tasmania. I'r rhai sy'n ddigon ffodus i brofi hydoedd gyda cheubyllau, fodd bynnag, mae'r apêl yn ddyfnach na'r gweledol yn unig. Yn *Wild Rivers*, disgrifiodd Bob Brown ei daith drwy'r dirwedd:

'Soon the river narrowed again and the cliffs grew higher and more dramatic. We had entered the Great Ravine, the place of the 'glass-walled cliffs' that had so alarmed earlier parties. We and our craft seemed minute in the immensity of this vault of nature ... For a time the grandeur of this monumental place [Serenity Sound] flooded my mind. I lost awareness of all else - my raft, my friend, my obligations, myself.'

Yn Adran 6 rydym yn ehangu ar y thema gymhleth hon o 'ymwybyddiaeth' trwy amlinellu buddiannau ceubyllau a ffurfiau creigwely cysylltiedig ar gyfer iechyd corfforol ac iechyd meddwl.

Ffigur 5.14: Clawr blaen Wild Rivers *(1983).*

ADRAN 6

•CEUBYLLAU AC IECHYD•

Ar yr olwg gyntaf, efallai nad oes rhyw lawer o dir cyffredin rhwng 'ceubyllau' ac 'iechyd' ond yn yr adran hon o'r llyfr rydym yn dadlau y gall fod cysylltiad agos rhyngddynt. Mae'r cysylltiadau hyn yn amlygu eu hunain pan rydym yn eu hystyried yng nghyd-destun yr ymwybyddiaeth gynyddol bod lles pobl yn dibynnu'n rhannol ar amgylchedd naturiol iach. Mae lles pobl yn cynnwys agweddau amlwg iechyd corfforol, ond hefyd agweddau ar iechyd meddwl, a all fod ymhellach o'r wyneb. Er enghraifft, mae'r term 'anhwylder diffyg natur' wedi dod i'r amlwg, wrth i bryder gynyddu bod pobl, yn enwedig plant, yn treulio llai o amser yn yr awyr agored, gan arwain at ystod o gyflyrau ymddygiadol. Yn wyneb y cloeon mawr a'r cyfyngiadau teithio a brofodd pobl yng Nghymru a thu hwnt yn ystod tonnau cyntaf pandemig COVID-19 (2020-2021), daeth mwy o bobl yn ymwybodol o bwysigrwydd treulio amser yn yr awyr agored, yn enwedig mewn amgylcheddau naturiol sy'n gymharol rydd o dechnoleg.

Un budd ymysg nifer y mae'r amgylchedd yn ei ddarparu ar ein cyfer yw gwella iechyd corfforol ac iechyd meddwl (Ffigur 6.1). Diffinir 'gwasanaethau ecosystem' fel yr holl fuddiannau y mae pobl yn eu cael gan afonydd, gwlyptiroedd, coedwigoedd a fforestydd, arfordiroedd a chefnforoedd, a sawl amgylchedd naturiol arall. Darparodd 'Asesiad Ecosystem y Mileniwm' (Millennium Ecosystem Assessment) – prosiect cydweithredol pedair blynedd (2001-2005) a oedd yn cynnwys dros 1360 o arbenigwyr o bedwar ban byd – asesiad blaengar o gyflwr gwasanaethau ecosystem y byd, ac asesiad hefyd o oblygiadau newid ecosystem ar gyfer lles pobl. Dosbarthodd Asesiad Ecosystem y Mileniwm wasanaethau ecosystem yn bedwar math: *gwasanaethau darparu* fel bwyd, dŵr, coed, a ffibr; *gwasanaethau rheoli* sy'n cadw'r difrod posibl gan eithafion hinsawdd fel llifogydd a sychder i isafswm, a gwella safon dŵr; *gwasanaethau cefnogi* fel ffurfiant pridd, ffotosynthesis, a chylchu maethion; a *gwasanaethau diwylliannol* sy'n darparu buddiannau hamdden, esthetig, ysbrydol ac addysgol. Nododd yr asesiad bod dynoliaeth yn ddibynnol ar lif gwasanaethau ecosystem mewn modd sylfaenol, er ei fod wedi ei ynysu i raddau oddi wrth effeithiau newid amgylcheddol oherwydd diwylliant a thechnoleg.

CEUBYLLAU A BUDDIANNAU IECHYD CORFFOROL AC IECHYD MEDDWL

Mae buddiannau bod yn yr awyr agored ar gyfer iechyd corfforol ac iechyd meddwl yn fath o wasanaethau ecosystem diwylliannol. Mae ymweld â cheubyllau ac afonydd yn gyffredinol (gweler Adran 7) yn ffordd o gael mynediad at y gwasanaethau hyn. Gan fod yn ofalus, ac wedi gofyn caniatâd perchnogion tir lle bo hynny'n briodol, gall ymweld â cheubyllau, rhaeadrau, geirw a cheunentydd gyfrannu at brofiad sy'n trochi rhywun trwy fywiocáu'r holl synhwyrau, a gall hyn arwain at lawer o fuddiannau iechyd.

Yn gyntaf, mae buddiannau ar gyfer iechyd corfforol. Mae rhai lleoliadau afon gyda cheubyllau, geirw, rhaeadrau a cheunentydd i'w canfod mewn lleoliadau digon arunig, a bydd llwybrau'n heriol, ond bydd y daith yn werth yr ymdrech. Mae cyrraedd hydoedd afon creigwely neu creigwely-llifwaddodol cymysg yn amlach na pheidio yn golygu tipyn o gerdded ar dir anwastad, ac o bosib bydd yr enghreifftiau mwyaf arunig yn golygu

Ffigur 6.1: Nofio yng Nghamddwr Bleiddiaid, Afon Irfon, ger Abergwesyn, Powys (DR).

Ffigur 6.2: Ceubyllau mewn lleoliad arunig ar Afon Paradwys, ger Claerwen, Powys (DR).

scrambl serth a chwyslyd (Ffigur 6.2). Bydd yr ymarfer corff yma yn helpu i ddatblygu cyhyrau'r coesau a fydd yn gymorth i gerdded i fyny ac i lawr y creigiau a'r rhaeadrau, ac hefyd yn helpu'r system gardio-fasewlaidd. Po fwyaf y byddwn yn crwydro, po fwyaf y bydd ein stamina. I'r rhai sy'n teimlo'n fwy anturus, bydd cerdded yn yr afon neu nofio yn erbyn y llif (pan fo'n ddiogel i wneud hynny) yn cryfhau ein ffitrwydd; mae nofio yn gyffredinol yn ffordd dda iawn o ymarfer corff gan nad yw'n creu gormod o straen ar y corff. Mae treulio amser y tu allan, ym mhob tywydd, yn helpu ein system imwnedd hefyd. Yng Nghymru, fel mewn llawer o wledydd eraill ar draws y byd, gyda lefelau gordewdra yn cynyddu, a phoblogaeth sy'n heneiddio, a bygythiad feirysau yn dal i achosi pryder, mae'n fwy pwysig nag erioed i gadw'n iach yn gorfforol er mwyn cynyddu ein gwytnwch personol.

Yn ail, mae buddiannau o ran iechyd meddwl. Mae astudiaethau wedi dangos bod hyd yn oed edrych ar ddelweddau o natur yn fuddiol – lluniau a fideos o ddŵr yn arbennig. Ond mae yna ddealltwriaeth gynyddol o'r buddiannau llawer mwy sylweddol ar gyfer iechyd meddwl o fod ym myd natur go iawn, ac wrth i'n holl synhwyrau fywiocáu: gweld, clywed, cyffwrdd, arogli a hyd yn oed blasu. Mewn afonydd creigwely a creigwely-llifwaddodol cymysg, mae'r ffordd y mae golau a chysgod yn rhyngweithio'n weledol, synau dŵr yn llifo neu'n disgyn – weithiau i gyfeiliant graean yn rholio a sboncio ar wely'r afon – yn creu profiadau unigryw i'r synhwyrau, fel y mae nifer o sgwennwyr a beirdd wedi tystio (Adrannau 3, 4 a 5). Mae creigiau a cherigos mewn, neu wrth ymyl ceubyllau, a ffurfiau cerfiedig eraill fel rhigolau, wedi eu llyfnhau gan y dŵr, yn braf i'w cyffwrdd (Ffigur 6.3). Mae hyd yn oed arogl a blas yr ewyn o'r ceubyllau, geirw a rhaeadrau yn gallu creu profiad cyfoethog dros ben. Mae diwylliannau brodorol mewn llefydd mor bell o'i gilydd â gogledd America ac Awstralia wedi gweld ceubyllau, geirw, rhaeadrau a cheunentydd fel llefydd arbennig, sanctaidd hyd yn oed (gweler Adran 5). Yn ein byd modern, sydd yn aml yn fwy seciwlar nag y bu, gallwn gael budd o hyd o brofiadau ysbrydol tebyg. Er enghraifft, gall profi nodweddion esthetig ceubyllau a'r planhigion a'r anifeiliaid cysylltiedig fod yn llesol inni. Gall gweld patrymau'n ailadrodd neu sylwi ar wahaniaethau siapiau ar draws darn o greigwely sydd wedi ei lyfnhau gan yr afon (Ffigur 6.4) roi mwynhad tebyg inni i'r hyn a deimlwn wrth edrych ar gerflun, yn enwedig os ydyn yn ystyried bod rhai o'r ffurfiau cerfiedig mewn creigwely yn debyg iawn i rai o gerfluniau arobryn Henry Moore neu Barbara Hepworth er enghraifft. Gall adlewyrchiad deilen yn arnofio ar wyneb dŵr mewn ceubwll hanner llawn, gweld gwaelod ceubwll trwy ddŵr sydd fel gwydr, neu wylio coesyn gold y gors yn symud yn yr awel, roi'r un mwynhad inni ag edrych ar lun mewn oriel.

CEUBYLLAU A GWASANAETHAU ECOSYSTEM DIWYLLIANNOL ERAILL

Mae ymweld â cheubyllau ac afonydd yn gyffredinol yn dod â llawer o fudd addysgol, sydd weithiau'n perthyn i wella iechyd meddwl. Yn Adran 10 rydym yn awgrymu rhai gweithgareddau yn ymwneud â cheubyllau y gellid eu gwneud fel rhan o addysg ffurfiol (e.e. ysgolion neu brifysgolion) ond mae ceubyllau, geirw, a cheunentydd hefyd yn cynnig cyfleoedd anffurfiol ar gyfer dysgu, i bob oedran. Mae ceubyllau yn ffordd iach o ddechrau

Ffigur 6.3: Ffurfiau cerfiedig llyfn ger Betws-y-Coed, Conwy (DR).

ymwneud ag afonydd a natur yn gyffredinol, ac mae wastad rhywbeth newydd i'w weld neu i'w ystyried, hyd yn oed wrth ymweld â llefydd cyfarwydd, yn arbennig gyda thro'r tymhorau (Ffigur 6.5).

Weithiau, efallai y bydd yn fuddiol defnyddio meddwlgarwch er mwyn helpu ein hunain i gael profiad dyfnach a chyfoethocach wrth ymweld â safleoedd gyda cheubyllau: gall canolbwyntio ar 'y foment', yn rhydd o'r pethau sydd fel arfer yn tynnu ein sylw, fod yn fuddiol dros ben er mwyn rhoi digwyddiadau'r dydd yn eu cyd-destun, ac i ail-egnïo ein hunain er mwyn wynebu heriau bywyd. Er enghraifft, gallwn ryfeddu wrth ystyried y prosesau a'r graddfeydd amser hir sydd ynghlwm â ffurfiant a datblygiad ceubyllau a ffurfiau cerfiedig eraill (Adran 1). Gall ystyriaeth ddyfnach o raddfeydd amser yn enwedig ein helpu i werthfawrogi hanes y Ddaear a'i threftadaeth naturiol, a rhoi perspectif inni o gyraeddiadau diwylliannol dynoliaeth (Adran 1). Gallwn ryfeddu hefyd wrth gydnabod rôl ceubyllau mewn ecoleg afonydd. Gall gwylio eogiaid yn neidio i fyny'r rhwystrau ymddangosiadol amhosib fel y rhaeadr ar Afon Marteg, er enghraifft, ddyfnhau ein hymwybyddiaeth o raddfeydd amser hir esblygiad sydd wedi rhoi'r pŵer a dyfalbarhad i'r rhywogaeth yma. Mae eogiaid yn werthydffurf oherwydd bod dethol naturiol wedi arwain at gyrff llyfn sy'n gallu torri trwy'r dŵr yn fwy effeithlon. Mae brwydro yn erbyn y llif yn anodd, ond yn werth yr ymdrech. Gallwn ddysgu rhywbeth o'r wers hon, yn yr un modd ag y gallwn ddysgu rhywbeth wrth ystyried sut y mae'r pryf gwellt yn adeiladu casys cymhleth o dywod, graean mân a darnau o blanhigion (Adran 2).

Gall y gwersi yma, a gwersi eraill, roi cyfle inni ystyried effeithiau llai cadarnhaol pobl ar geubyllau ac afonydd, p'un ai yn effeithiau uniongyrchol neu anuniongyrchol, bwriadol neu anfwriadol (Adran 2). Mae tystiolaeth bod pobl yn tueddu i ymddwyn mewn modd mwy ystyriol o'r amgylchedd pan fyddant yn teimlo cyswllt gyda natur, a dim ond trwy ddod yn ymwybodol o'n effeithiau negyddol ni y gallwn gymryd camau i fynd i'r afael â nhw. Mae ymweliadau ag afonydd creigwely neu greigwely-llifwaddodol cymysg felly yn helpu i ddatblygu bydolwg lle gwelir ceubyllau fel nodweddion nad sy'n bwysig ar gyfer ein iechyd yn unig, ond hefyd yn rhan bwysig o'n treftadaeth naturiol a diwylliannol, sy'n haeddu ein parch a'n gwarchodaeth.

Ffigur 6.5: Set o eirw trwy'r tymhorau ar Afon Efyrnwy ger Pont Llogel, Powys. Gyda'r cloc o'r chwith uchaf: Haf, Hydref, Gaeaf, Gwanwyn, (DR).

Ffigur 6.4: Ffurfiau cerfiedig ar Afon Dulas (ogleddol) ger Ceinws, ar y ffin rhwng Powys a Gwynedd (HG).

ADRAN 7

• YMWELD Â CHEUBYLLAU CYMRU •

Fel y mae Adrannau 1 i 5 wedi dangos, mae cyfoeth o geubyllau a ffurfiau creigwely cerfiedig cysylltiedig yng Nghymru sy'n ategu, ac yn cystadlu â phrydferthwch y rhai a geir yn rhyngwladol. Mae llawer o leoliadau yng Nghymru lle mae'n bosibl mynd at geubyllau yn gymharol hawdd er mwyn eu gwerthfawrogi a phrofi'r amgylchedd o'u cwmpas, a chael budd o'r holl fanteision i iechyd corfforol ac iechyd meddwl sy'n gysylltiedig â hynny (Adran 6). Gall hygyrchedd y ceubyllau amrywio gyda'r tymhorau, ac yn enwedig gyda lefelau llif cyfnewidiol, ond mae rhywbeth i'w weld ar hyd rhannau o afonydd lle mae ceubyllau drwy gydol y flwyddyn ac ym mhob tywydd. O safbwynt iechyd a diogelwch, mae'n haws ymweld â cheubyllau yn ystod llif is ar ddiwrnod heulog pan fydd mwy o geubyllau i'w gweld, a mwy ohonynt yn hygyrch (Adran 1), a phan fydd golau naturiol yn goleuo nodweddion eraill ar wely'r afon, gan gynnwys y rhai sy'n ymwneud ag ecoleg ceubyllau (Adran 2). Yn ystod llifoedd uwch, bydd rhai ceubyllau o dan ddŵr a bydd yn anos mynd atynt, ond ar yr adegau hyn gallwn weld ac efallai deall pŵer yr afon i greu ac addasu nodweddion creigwely yn well.

Gan fod cymaint o leoliadau i ddewis o'u plith yng Nghymru, mae'r rhestr sy'n dilyn yn enghreifftiau dethol o wahanol ranbarthau sy'n dangos ystod ffurfiau ceubyllau. Mae rhai wedi'u lleoli'n agos at gilfan neu faes parcio ond mae cyrraedd eraill yn golygu teithiau cerdded o wahanol hyd. Rydym yn cynnwys cyfeirnodau grid i alluogi ichi ddod o hyd i'r lleoliadau ar fapiau neu apiau'r Arolwg Ordnans (OS), (mae tabl ar ddiwedd yr Adran hefyd yn rhoi'r wybodaeth gyfatebol ar gyfer what3words) ond wrth ymweld â'r lleoliadau fe'ch cynghorir hefyd i gario map manwl neu ddefnyddio'r rhai a ddarperir ar hysbysfyrddau. Lle rydym yn sôn am y lan chwith neu dde, rydym yn cyfeirio at y 'gwir chwith' neu'r 'gwir dde', hynny yw, y glannau chwith a dde wrth i chi edrych i lawr yr afon.

NODYN AM IECHYD A DIOGELWCH

Mae peryglon glannau afonydd serth, creigiau llithrig a dŵr sy'n llifo'n gyflym yn golygu bod angen gofal mawr wrth ymweld â cheubyllau (ar gyfer damweiniau hanesyddol sy'n ymwneud â cheubyllau, gweler Adran 3). Mae angen bod yn ofalus wrth ddynesu at, a dychwelyd o leoliadau. Ym mwyafrif y lleoliadau a ddewiswyd mae modd gweld ceubyllau o lwybrau troed neu bontydd, ond gall hyd yn oed llwybrau a phontydd poblogaidd fod yn anwastad a/neu'n llithrig, tra gall cwympfeydd cerrig a thirlithriadau ddigwydd ar lethrau serth dyffrynnoedd weithiau, yn enwedig yn ystod neu yn dilyn tywydd gwlyb. Daw rhai o'r delweddau yn y llyfr hwn o leoliadau y gellir eu cyrraedd trwy gerdded ar hyd ceunentydd cymharol anodd a thrwy nofio i fyny'r afon, ac nid yw'r lleoliadau hyn wedi'u cynnwys isod. Fodd bynnag, os byddwch yn mentro i'r afon ar unrhyw adeg, cofiwch: mae cryfder y cerrynt yn aml yn dwyllodrus, hyd yn oed ar lif isel; gall dŵr fod yn ddyfnach nag y mae'n ymddangos ar yr olwg gyntaf, yn enwedig os yw'r dŵr yn glir; a gall tymheredd y dŵr, hyd yn oed yn yr Haf, fod yn oer iawn. Mae arwyneb llawer o nodweddion creigwely tanddwr yn debygol o fod wedi eu gorchuddio â bioffilm (Adran 2) a gall hyn olygu eu bod yn llithrig dros ben. Cofiwch efallai na fydd signal ffôn symudol ar gael mewn llawer o leoliadau, yn enwedig y rhai mwy anghysbell. Fel gydag unrhyw antur, mae bob amser yn ddoeth dweud wrth rywun am eich cynlluniau a'ch amserlen.

Hyd y gwyddon ni, mae'r holl wybodaeth yn gywir wrth inni ysgrifennu'r Adran hon. Nid ydym fel awduron yn cymryd cyfrifoldeb am ddamweiniau personol, neu ddifrod neu golled i eiddo personol wrth ymweld â'r lleoliadau hyn. Dilynwch y Côd Cefn Gwlad wrth ymweld â'r lleoliadau hyn. Parchwch drigolion lleol a pherchnogion tir. Peidiwch mynd â dim oddi yno heblaw am luniau, a pheidiwch â gadael dim ond olion traed. Os gwelwch yn dda, peidiwch a phentyrru creigiau (neu o leiaf tynnwch nhw i lawr cyn gadael) gan y gallant amharu ar fwynhad eraill a'r lleoliad ei hun.

ERYRI

Afon Llugwy, Betws-y-Coed

Dyma un o'r lleoliadau gorau i weld ceubyllau yng Nghymru, ac un o'r rhai hawsaf i'w gyrraedd. Gallwch weld enghreifftiau o Bont y Pair yng nghanol y pentref (gweler Adran 3), lle gallwch barcio yn ymyl am ffi [SH 791 567]. Mae opsiwn i ddilyn llwybr glan yr afon ar hyd Afon Llugwy i fyny'r afon i Bont y Mwynwyr [SH 779 569], lle gallwch weld mwy o geubyllau. Gallwch wedyn gylchu'n ôl, neu, fel arall, gallwch barhau i Raeadr Ewynnol [SH 765 577], lle bydd angen talu ffi mynediad.

Afon Conwy, Afon Lledr, Ffos Anoddun

Er bod Ffos Anoddun bellter cerdded o Fetws-y-Coed, mae lle i barcio gerllaw hefyd [SH 798 546]. Ar ôl talu'r tâl mynediad, mae taith gerdded fer i Ffos Anoddun ei hun [SH 801 542]. Gallwch fynd ymlaen i lawr yr afon tuag at gymer Afon Conwy ag Afon Lledr [SH 798 542] lle mae enghreifftiau gwych o geubyllau i'w gweld, yn enwedig ar lif isel (Ffigur 7.1). Nepell o Ffos Anoddun mae Rhaeadr y Graig Lwyd, lle gallwch weld mwy o geubyllau. Mae parcio yn bosib ger yr A5 [SH 810 535] ac mae angen talu tâl mynediad.

Ffigur 7.1: Afon Conwy i lawr yr afon o Ffos Anoddun (DR).

Nant Cwm Llan, Nantgwynant

Mae modd parcio ger yr A498 [SH 627 506] am ffi. Ar ôl taith gerdded fer a phrydferth iawn ar hyd cychwyn llwybr Watkin i Gwm Llan gallwch ddilyn y fforch i'r dde i ddilyn y llwybr dros bont lechi [SH 622 516]. Yma yn y dŵr hynod glir (ac oer iawn!), mae ceubyllau rhyfeddol i fyny'r afon o raeadrau bychain (Ffigur 7.2). Os ydych yn teimlo'n anturus gallwch ail-ymuno â llwybr Watkin a pharhau i fyny at yr Wyddfa. Fel arall, gallwch ddringo Lliwedd ac yna disgyn i lawr i Gwm Llan. Opsiwn arall ar gyfer dringo'r Wyddfa ar ôl ymweld â'r rhaeadrau a'r ceubyllau ar Nant Cwm Llan yw dilyn llwybr troed tua'r gorllewin tuag at y grib [gan adael llwybr Watkin yn SH 621 520] ac yna mynd tua'r gogledd ar hyd crib gul Allt Maenderyn.

Afon Mawddach, Afon Gamlan, Ganllwyd

Gallwch barcio am ddim ger yr A470 [SH 726 243]. Gallwch ddilyn y llwybr troed i Afon Mawddach a'i chymer ag Afon Gamlan a chroesi pont droed: mae llawer o geubyllau i'w gweld ar y rhan hon. Yna, gallwch ddilyn y llwybr trwy'r goedwig tua'r gogledd-ddwyrain, yna i'r gogledd ar lan chwith Afon Mawddach i gyfeiriad Rhaeadr Mawddach a Phistyll Cain; mae llwybr cylchol yn bosibl trwy ddychwelyd ar y lan dde. Gallwch weld llawer o geubyllau o ddwy ochr yr afon ac yn enwedig o bontydd ar lif isel (Ffigur 7.3). Mae lle parcio ychwanegol ar ochr orllewinol yr afon [SH 733 251 a SH 735 263 – mae'r olaf tua 1 km i'r de o'r rhaeadrau]. Cloddiwyd am aur yn yr ardal hon ac mae rhai gweithfeydd i'w gweld o hyd yng Ngwynfynydd. Mae'n werth ymweld â Rhaeadr Du yr ochr arall i'r A470 hefyd; i'w gyrraedd, gallwch ddilyn y llwybr ar lan chwith Afon Gamlan.

Ffigur 7.2: Nant Cwm Llan (DR).

Ffigur 7.3: Afon Mawddach (DR).

CEREDIGION A MALDWYN
Afon Efyrnwy, Pont Llogel

Mae modd parcio am ddim ym maes parcio/safle picnic Cyfoeth Naturiol Cymru [SJ 032 154] ac yna gallwch ddilyn y llwybr i lawr gyda glan yr afon. Os yw llif yr afon yn isel, bydd llawer o geubyllau i'w gweld ar wely'r afon (Ffigur 7.4). Yn yr ail set o eirw isel [SJ 042 145], gallwch weld rhai enghreifftiau rhagorol. Yna gallwch ddewis parhau i Ddolanog lle mae enghreifftiau ychwanegol wedi eu lleoli ar eirw i lawr yr afon o'r pentref [SJ 071 129]. Yn yr Hydref, gallwch weld eogiaid a brithyll yn llamu i fyny'r rhaeadr [SJ 067 126]. Gallwch wneud taith gerdded hirach hyfryd o Bont Llogel, gan fynd heibio Dolanog, a dilyn rhannau o Ffordd Glyndŵr i Bontrobert; i gwblhau'r daith gylchol, dilynwch y ffordd i'r gogledd-ddwyrain allan o'r pentref ac yna dilynwch y troad cyntaf i'r chwith. Ar ôl tua 2 km dilynwch y llwybr chwith i mewn i goedwig. Mae'r llwybr yma yn dilyn rhan o lwybr Ann Griffiths. Trwy ddilyn y trac hwn ac yna un arall yn is i lawr byddwch yn cyrraedd Dolanog. Opsiwn arall yw mynd â cherbyd i Ddolanog ac archwilio oddi yno.

Afon Banwy, Llanfair Caereinion

Yn ystod cyfnodau o lif isel, gallwch weld llawer o geubyllau o bont ffordd y B4385 dros Afon Banwy a adwaenir hefyd fel Afon Einion (gweler y clawr blaen) [SJ 1040 65], ac o daith gerdded ar lan yr afon yng Nghoed Deri gerllaw [SJ 099 066].

Afon Twymyn, Dylife

Mae taith gerdded fer iawn o barcio-ochr-ffordd [SN 871 939] yn mynd â chi at lecyn diarffordd ar Afon Twymyn i fyny'r afon o raeadr Ffrwd Fawr sy'n un o'r rhai uchaf yng Nghymru. Yma, mae llawer o ffurfiau creigwely cerfiedig (gan gynnwys ceubyllau) i'w gweld, mewn dŵr sy'n glir iawn am ran helaeth o'r flwyddyn (Ffigur 7.5). Mae'r ffurfiau cerfiedig hyn i'w gweld bellter diogel i fyny'r afon o ymyl rhaeadr Ffrwd Fawr, a chynghorwn chi yn gryf i beidio â mynd yn agos at y man llithrig a pheryglus hwn. Gerllaw, i'r dwyrain, mae cilfan gerllaw'r ffordd yn SN 873 939 lle gallwch weld golygfeydd godidog o geunant dramatig Afon Twymyn.

Ffigur 7.4: Afon Efyrnwy (DR).

Ffigur 7.5: Afon Twymyn (DR).

Afon Rheidol, Cwm Rheidol

Gallwch ddefnyddio'r man parcio ar ymyl y ffordd ar ddiwedd lôn gul [SN 732 779] sy'n eich arwain i fyny'r dyffryn o orsaf bŵer trydan dŵr Cwm Rheidol. Mae llawer o geubyllau o wahanol feintiau i'w gweld yn y creigwely yn y geirw nepell o'r ffordd (Ffigur 7.6). Mae olion y diwydiant mwyngloddio metel a lygrodd Afon Rheidol i'w gweld ar lannau'r afon a llethrau'r dyffryn. Wrth deithio yn ôl, gallwch barcio gyferbyn â gorsaf bŵer Cwm Rheidol a cherdded ychydig i fyny'r afon i raeadr hardd ar Afon Rheidol [SN 709 789]. Mae rhai ceubyllau i'w gweld uwchben y rhaeadr ar lifoedd isel. Weithiau gallwch weld eog yn llamu yma yn yr Hydref.

Afon Rheidol, Pompren 'Ffeiriad

Mae taith gerdded fer o'r gilfan [SN 752 790] yn Ysbyty Cynfyn (ar y ffordd rhwng Ponterwyd a Phontarfynach) yn mynd â chi trwy goetir ac at bont droed uchel dros Afon Rheidol. Gallwch weld ceubyllau mawr iawn i fyny'r afon ac i lawr yr afon o olygfa uchel y bont [SN 748 790] (gweler Adran 4). Mae olion mwynglawdd metel hanesyddol Temple gerllaw.

Afon Mynach, Pontarfynach

Taith fer yn y car sydd rhwng Pompren 'Ffeiriad a'r lleoliad hwn. Mae parcio am ddim ger y rhaeadrau [SN 741 770] ond mae tâl mynediad i ran uchaf y rhaeadrau (Crochan y Diafol) a'r rhan isaf. Os nad yw'r ciosg ar agor, mae angen punnoedd ar gyfer y gatiau tro hanesyddol ar y rhan uchaf. Ar y rhan uchaf mae dau geubwll mawr iawn sydd wedi'u torri a golygfeydd gwych o'r ceunant cul a'r tair pont uwchlaw (gweler Adrannau 1, 3 a 4). Ar y rhan

Ffigur 7.6: Afon Rheidol (DR).

isaf, gallwch gerdded i lawr i waelod y rhaeadrau. Gall y llwybrau fod yn llithrig iawn, ac mae angen gofal arbennig ar ran olaf y daith tua gwaelod y rhaeadrau sy'n disgyn ar hyd grisiau cul a serth iawn: 'Jacob's Ladder'. Gallwch weld y rhaeadrau unigol a'r plymbyllau cysylltiedig wrth ddringo yn ôl at y ffordd a Gwesty'r Hafod.

Afon Ystwyth yn Hafod, ger Pont-rhyd-y-groes
Mae modd parcio am ddim ym maes parcio Cyfoeth Naturiol Cymru ger Eglwys yr Hafod [SN 768 736]. Mae map yn y maes parcio, ac o'r fan hon mae'n daith gerdded fer at bont droed dros geunant Afon Ystwyth (dim ond 2 berson ar y tro!). Mae enghreifftiau gwych o geubyllau i'w gweld o'r ddwy ochr i'r afon (Ffigur 7.7).

Afon Ystwyth, Pont-rhyd-y-groes
Gallwch barcio yn y pentref ger yr olwyn ddŵr hanesyddol [SN 738 722] a dilyn y llwybr gerllaw i lawr at bont droed dros Afon Ystwyth. Ar ôl croesi'r bont droed gallwch ddilyn y llwybr a cherdded tua'r gorllewin ac i lawr yr afon trwy goetir Coed Maenarthur. Mae ceubyllau i'w gweld ar hyd yr afon rhwng y bont droed a diwedd y coetir (gweler Adran 1), yn enwedig ger rhaeadr sydd tua 1.5 km i lawr yr afon.

Afon Teifi, Henllan
Gallwch gyrraedd y lleoliad yma trwy droi oddi ar yr A484 i'r B4334 a pharcio wrth ymyl y ffordd ar ochr Ceredigion i'r bont [SN 355 400]. Dilynwch y llwybr troed i fyny'r afon ar y lan dde - mae enghreifftiau gwych o geubyllau i'w gweld rhwng y llwybr troed a phrif sianel Afon Teifi wrth iddi lifo trwy geunant Henllan.

Afon Teifi, Cenarth
Yma gallwch barcio yng Nghenarth ar ochr Ceredigion i'r bont (bydd angen talu) [SN 269 416]. Mae ceubyllau i'w gweld rhwng y maes parcio a phrif sianel yr afon a gallwch gerdded i fyny'r afon i fwynhau golygfeydd godidog o'r geirw.

Ffigur 7.7: Ceunant Afon Ystwyth yn Hafod (HG).

CANOLBARTH A DE POWYS A SIR GÂR

Afon Marteg, Gwarchodfa Natur Gilfach

Gallwch gyrraedd y lleoliad yma trwy ddilyn yr arwyddbost o'r A470 i'r maes parcio am ddim [SN 953 714]; oddi yma mae taith gerdded ar lan Afon Marteg yn arwain at y rhaeadr. Gallwch weld ceubyllau ar hyd gwahanol rannau o'r creigwely ac yn enwedig ar y rhaeadrau isaf pan fo lefelau dŵr yn isel (Figure 7.8). Mae llwybrau cerdded eraill yn yr ardal hon, gan gynnwys ar lethrau'r bryniau ar ddwy ochr Afon Gwy, ac mae un ohonynt yn mynd â chi at rannau uchaf Cwm Elan. Bron gyferbyn â mynedfa'r warchodfa, mae llwybr o gilfan i bont droed dros Afon Gwy, lle gallwch weld mwy o geubyllau.

Afon Gwy, Rhaeadr Gwy

Gallwch barcio yn y maes parcio bach rhad ac am ddim (ar y ffordd i Gwm Elan) neu ar ymyl y ffordd, y ddau yn nhref Rhaeadr Gwy ei hun [SN 968 678]. Nepell o'r maes parcio mae llwybr yn eich arwain i lawr at yr afon, ac yma mae nifer o geubyllau, gan gynnwys rhai enghreifftiau mawr, i'w gweld.

Ffigur 7.8: Afon Marteg (ST).

Ffigur 7.9: Afon Gwy yn Rhaeadr Gwy (DR).

Ffigur 7.10: Afon Claerwen (DR).

Afon Elan, Pont Hyllfan

Gallwch barcio ym maes parcio bach rhad ac am ddim Dŵr Cymru ger Pont Hyllfan [SN 914 672], sydd ar y ffordd rhwng cronfeydd Garreg-ddu a Phenygarreg, ac yna cerdded at y bont fechan gerllaw. Pan fo lefelau dŵr (a reolir gan yr argaeau) yn isel, dyma un o'r lleoliadau gorau i weld ceubyllau yn Ynysoedd Prydain (gweler Adrannau 2 a 4).

Afon Claerwen ac Afon Arban ger argae Claerwen

Gallwch barcio ar ochr y ffordd sy'n arwain at argae Claerwen [SN 885 626] i weld ceubyllau wrth y rhaeadr ac i lawr yr afon ohono (Ffigur 7.10). Ymhellach i fyny'r ffordd, ac ychydig i lawr yr afon o argae Claerwen, mae enghreifftiau hyfryd o geubyllau, gan gynnwys enghreifftiau wedi cyfuno ac wedi torri. Gallwch weld y rhain yn hawdd o'r bont [SN 869 634] pan fydd lefel y dŵr yn isel. Gallwch hefyd weld nifer o geubyllau ardderchog ar y llednant gyfagos, Afon Arban, gan gynnwys nifer o'r bont droed.

Afon Irfon, ger Llanwrtyd

O'r A483 yn Llanwrtyd gallwch ddilyn yr arwyddion am Abergwesyn; ychydig gilometrau i fyny'r ffordd sy'n culhau mae cilfannau o boptu'r ffordd ar safle o'r enw Pwllgolchi [SN 859 499]. Yma, mae Afon Irfon wedi cerfio ceunant bach gyda cheubyllau hyfryd. Ychydig ymhellach ar hyd y ffordd mae maes parcio Pwll Bo am ddim ar y dde [SN 856 507]. Mae mwy o enghreifftiau gwych o geubyllau i'w gweld o'r bont a gallwch chwilio am geubyllau eraill wrth i chi deithio ymlaen ar hyd y ffordd.

Afon Irfon, ger Abergwesyn (Camddwr Bleiddiaid)

Ychydig gilometrau ar hyd y ffordd fynyddig syfrdanol at gomin Abergwesyn gallwch barcio ar ymyl y ffordd [SN 839 550]. Mae gan yr hyd yma o'r afon nifer o enghreifftiau gwych o geubyllau a ffurfiau creigwely cerfiedig eraill, gan gynnwys bwâu a thwneli naturiol. Dyma Camddwr Bleiddiad, darn creigiog, cul a thrawiadol o Afon Irfon gyda rhai darnau dwfn iawn (gweler Adrannau 1 a 6). Mae rhai rhannau mor gul, mae'n ymddangos yn bosibl (ond efallai'n annoeth!) i neidio ar draws.

Blaenau Afon Tywi

Gallwch gyrraedd y lleoliad yma trwy barhau ar hyd y ffordd o Gamddwr Bleiddiaid at Dregaron; wrth barcio wrth ymyl y ffordd gallwch weld golygfeydd o flaenau Tywi, ac yn ystod llifoedd isel, gallwch weld mwy o geubyllau gwych i fyny'r afon ac i lawr yr afon o'r bont [SN 803 571] (Ffigur 7.11). Yna, gallwch ddilyn y ffordd tua'r de i Lyn Brianne ac i Warchodfa Natur Dinas lle mae modd parcio am ddim [SN 787 470]. Mae hwn ger cymer Afon Pysgotwr ac Afon Tywi. Yma, mae llwybr ar hyd glan yr afon lle mae modd gweld mwy o geubyllau.

Ffigur 7.11: Blaenau Afon Tywi (DR).

Bro'r Sgydau

Mae'r crynodiad mwyaf o raeadrau (a cheubyllau hefyd, mae'n debyg) yng Nghymru mewn ardal o Barc Cenedlaethol Bannau Brycheiniog a elwir yn Bro'r Sgydau. Mae sawl rhaeadr enwog yn yr ardal hon yn ogystal â llawer o raeadrau llai. Y ddau brif fan cychwyn ar gyfer teithiau cerdded yw ger Ystradfellte [SN 929 134] a Phontneddfechan [SN 900 075]. Os yw llif yr afonydd yn isel, fe welwch nifer o geubyllau dramatig ar sawl safle. Mae maes parcio Parc Cenedlaethol Bannau Brycheiniog yng Nghwm Porth [SN 929 124]; mae angen talu ond gall fod yn brysur iawn yma. Dewis arall rhad ac am ddim yw maes parcio bach ger Clun-gwyn [SN 918 105] ond gall hwn fod yn brysur hefyd. Mae meysydd parcio ychwanegol ar gael yn yr Haf. Mae rhaeadrau a cheubyllau i'w gweld ar Afon Mellte, Afon Hepste, Afon Pyrddin ac Afon Nedd Fechan (Ffigurau 7.12, 7.13 a 7.14). Mae rhai o'r ceubyllau mwyaf dramatig wedi'u lleoli ger Sgwd Isaf yng Nghlun-gwyn. Yn Sgwd y Pannwr gerllaw, gellir gweld llyffantod yn paru yn rhai o'r tyllau mawr yn y Gwanwyn.

Ffigur 7.12: Afon Mellte (DR).

Ffigur 7.13: Afon Hepste (DR).

Ffigur 7.14: Afon Nedd Fechan (DR).

Lleoliad	Cyfeirnod grid yr ardal gyffredinol	what3words yr ardal gyffredinol
ERYRI		
Afon Llugwy, Betws-y-Coed	SH 791 567	talais.bwffe.helyg
Afon Conwy, Afon Lledr, Ffos Anoddun	SH 798 546	syndod.seibiant.gramadegol
Nant Cwm Llan, Nantgwynant	SH 627 506	toddaf.enwebwr.mantoli
Afon Mawddach, Afon Gamlan, Ganllwyd	SH 726 243	cerflun.cyfaddawd.ffraeth
CEREDIGION A MALDWYN		
Afon Efyrnwy, Pont Llogel	SJ 032 154	cloddfa.cymreigio.ymchwiliwr
Afon Banwy, Llanfair Caereinion	SJ 104 065	cynhwysion.carcus.adroddiadau
Afon Twymyn, Dylife	SN 871 939	dyfarniad.apelio.diogelu
Afon Rheidol, Cwm Rheidol	SN 732 779	canfod.hyfforddwyr.gwarchodwr
Afon Rheidol, Pompren 'Ffeiriad	SN 752 790	arddegau.tueddiad.bywhau
Afon Mynach, Pontarfynach	SN 741 770	bodloni.brwsiaf.pertach
Afon Ystwyth, Hafod, Pont-rhyd-y-groes	SN 768 736	uchafbwynt.awgrymiadau.chwibanodd
Afon Ystwyth Pont-rhyd-y-groes	SN 738 722	stondinwyr.rhamantu.cryfder
Afon Teifi, Henllan	SN 355 400	cariadon.maddeuwch.twristiaeth
Afon Teifi, Cenarth	SN 269 416	lleisio.crwydryn.blewyn

Lleoliad	Cyfeirnod grid yr ardal gyffredinol	*what3words* yr ardal gyffredinol
CANOLBARTH A DE POWYS A SIR GÂR		
Afon Marteg, gwarchodfa natur Gilfach	SN 953 714	cyfundrefn.ymwelaf.paradwys
Afon Gwy, Rhaeadr Gwy	SN 968 678	hecsagon.blaendalu.cylchgronau
Afon Elan, Pont Hyllfan	SN 914 672	siopau.buddiannol.ffeithiau
Afon Claerwen ac Afon Arban	SN 885 626	uchderau.dylunio.llanc
Afon Irfon, ger Llanwrtyd	SN 856 507	parchus.lledred.anghenion
Afon Irfon, ger Abergwesyn (Camddwr Bleiddiaid)	SN 839 550	adiwch.llawr.coluraf
Blaenau Afon Tywi	SN 787 470	gwybedyn.cwmni.arsylwi
Bro'r Sgydau	SN 900 075	amldrac.tawelwr.pwdel

ADRAN 8
· GEIRFA ·

Gall y termau geomorffolegol a ddefnyddir yn aml i ddisgrifio cychwyn a datblygiad ceubyllau, a phrosesau a ffurfiau afonydd yn gyffredinol, fod yn anghyfarwydd i rai darllenwyr. Isod mae rhai diffiniadau cryno, syml o rai o'r termau pwysicaf a ddefnyddir naill ai yn y llyfr hwn (Adrannau 1 a 5 yn arbennig) neu mewn testunau geomorffoleg afonydd eraill neu adnoddau ar-lein (gweler Adran 9). Nid yw'r rhestr yn hollgynhwysfawr, ond dylai fod yn sylfaen dda ar gyfer deall y prosesau a'r tirffurfiau allweddol sy'n gysylltiedig â gwahanol fathau o afonydd yng Nghymru a thu hwnt.

Athreuliad
Proses o erydiad lle mae cerigos a gwaddodion eraill yn taro yn erbyn ei gilydd ac yn erbyn gwely'r afon, gan lifanu neu dorri'r gronynnau yn ddarnau llai (Ffigur 8.1).

Ffigur 8.1: Sgrafelliad ac athreuliad ar waith mewn ceubwll ar Afon Efyrnwy ym Mhont Llogel, Powys (DR).

Ceubwll
Ffurf sydd â siâp silindr fwy neu lai, wedi ei erydu i greigwely (neu weithiau i ddyddodion fel clai) mewn gwelyau neu lannau afon. Ffurfir ceubyllau trwy amrywiaeth o brosesau erydol, yn bennaf sgrafelliad.

Ceudodiad
Erydiad darnau o graig trwy weithrediad tonnau sioc a gynhyrchir gan swigod aer yn mewnffrwydro ar waelod y llif.

Clast
Darn unigol o fineralau a chraig; defnyddir y term mewn ffordd debyg i ronyn o waddod ond yn bennaf wrth gyfeirio at ronynnau graean fel cerigos neu goblau (Ffigur 8.2).

Cludiant
Symudiad gwaddodion ar hyd yr afon; mae'n cynnwys prosesau ffisegol tyniant, neidiant a chrogiant, a phroses gemegol hydoddiant.

Creigwely
Y deunydd cymharol galed, solet ar, neu ger, wyneb y ddaear; gall creigwely fod yn igneaidd, metamorffig neu waddodol.

Crogiant
Proses o gludiant afonol lle mae gronynnau llai yn cael eu cario yn y cerrynt heb gyffwrdd â gwely'r afon.

Cyrydiad
Gweithrediad cemegol lle mae dŵr yn hydoddi mineralau mewn creigwely a gwaddod ac yn cario'r deunydd i ffwrdd mewn hydoddiad.

Dyddodiad
Gwaddod a oedd yn cael ei gludo gan afon yn cael ei osod i lawr (e.e. mewn llif arafach neu ddŵr llonydd).

Erydiad
Set o brosesau lle mae deunydd y ddaear (creigwely, gwaddod) yn cael ei symud a'i gludo ymaith; mae mathau o erydiad mewn afon yn cynnwys gweithrediad hydrolig, sgrafelliad, athreuliad, ceudodiad a chyrydiad.

Ffurfiau cerfiedig
Term cyffredinol ar gyfer yr amrywiaeth eang o ffurfiau erydol sy'n ffurfio ac yn datblygu ar afonydd creigwely; mae enghreifftiau yn cynnwys ceubyllau, rhigolau a phlymbyllau (Ffigur 8.3).

Ffigur 8.2: Gwaddod a chlastiau o feintiau gwahanol ar wely Afon Clarach, Ceredigion (DR).

Gwaddod
Deunydd wyneb y ddaear sydd yn cael ei gludo o un man i fan arall; gall gynnwys creigiau a mineralau, gweddillion planhigion ac anifeiliaid, a gall amrywio o ran maint o ronynnau clai i glogfeini. Mae gwaddod hefyd yn cynnwys deunydd wedi ei hydoddi a gludir fel hydoddiant (Ffigur 8.2).

Ffigur 8.3: Ffurfiau cerfiedig o dan ddŵr yn Afon Twymyn, Powys (DR).

Gwaddodol
Math o graig wedi ei ffurfio trwy ddyddodiad gronynnau gwaddod (creigiau, mineralau, neu olion anifeiliaid) neu trwy ddyodiad cemegol deunydd wedi ei hydoddi. Yn aml mae creigiau gwaddodol yn ffurfio haenau o'r enw gwelyau neu strata. Mae enghreifftiau yn cynnwys tywodfaen, gwenithfaen a chalchfaen (Ffigur 8.4).

Ffigur 8.4: Haenau mewn creigiau gwaddodol o dan ddŵr yn Afon Hafren (DR).

Gweithgaredd hydrolig
Proses erydiad gan bŵer dŵr yn llifo e.e. trwy newidiadau sydyn mewn gwasgedd mewn dŵr sy'n llifo'n gyflym sy'n helpu i wanhau neu symud darnau o greigwely ar hyd llinellau cymalau neu doriadau.

Hindreulio
Torri i lawr craig ar, neu ger, wyneb y Ddaear trwy weithrediad y tywydd (e.e. gwynt, glaw, eithafion tymheredd) a gweithgaredd biolegol (e.e. twf gwreiddiau coed). Gall hyn gynnwys hindreulio ffisegol yn unig, hindreulio cemegol yn unig, neu gyfuniad o'r ddau.

Hydoddiant
Proses o gludiant afonol lle mae afonydd yn cario cemegau wedi eu hydoddi.

Igneaidd
Math o graig sy'n ffurfio pan fo craig dawdd (magma neu lafa) neu ddeunydd folcanig (e.e. llwch) yn oeri ac yn caledu. Mae enghreifftiau yn cynnwys basalt, gwenithfaen a thwff.

Llifwaddod
Gwaddodion rhydd sydd wedi cael eu herydu a'u cludo gan afonydd; gall gynnwys amrywiaeth o ddeunyddiau fel gronynnau mân o glai a silt yn ogystal â gronynnau mwy o dywod a graean.

Llwyth gwely
Gronynnau mewn afon sy'n cael eu cludo ar hyd gwely'r afon; mae llwyth gwely yn symud trwy rholio neu lithro (tyniant) neu trwy neidio neu sboncio pellter byr (neidiant).

Metamorffig
Math o graig sydd wedi newid o'i ffurf wreiddiol (igneaidd neu waddodol) trwy wres dwys neu wasgedd. Mae engreifftiau yn cynnwys llechi, haenithfaen a marmor.

Neidiant
Proses o gludiant afonol lle mae gronynnau gwaddod yn neidio neu sboncio pellter byr ar hyd gwely'r afon.

Plicio
Proses erydiad sy'n bennaf yn cynnwys gweithrediad hydrolig lle mae cerrynt yr afon yn symud a chario ymaith rannau o greigwely; hwylusir y broses yma trwy linellau o wendid a ffurfir gan gymalau neu doriadau (Ffigur 8.5).

Plymbwll
Pwll ar waelod llawer o raeadrau a ffurfir trwy weithrediad hydrolig (efallai yn cynnwys plicio) gan lif sy'n disgyn ac yn troelli, a sgrafelliad gan waddodion yn cael eu cludo.

Rhigol
Ffurf erydol hydredol mewn afon; gall ddatblygu yn geubwll, neu gall ceubwll ddatblygu yn rigol.

Sgrafelliad
Proses o erydiad lle mae arwynebau creigwely yn cael eu treulio ymaith gan weithrediad gwaddodion yn cael eu cludo; mae sgrafelliad fel arfer yn llyfnhau arwynebau (Ffigur 8.1).

Tyniant
Proses o gludiant afonol lle mae gronynnau gwaddod mawr yn llithro neu rolio ar hyd gwely'r afon.

Ffigur 8.5: Ôl plicio (chwith) ar frigiad o greigwely ar Afon Mawddach ger Ganllwyd, Gwynedd (DR).

ADRAN 9

• DARLLEN PELLACH AC ADNODDAU AR-LEIN •

Rydym yn gobeithio bod y llyfr hwn wedi rhoi cipolwg ar fyd hynod ddiddorol ceubyllau a'u harwyddocâd ar gyfer datblygiad tirwedd afonydd, ecoleg, diwylliant ac iechyd. I'r rhai sy'n dymuno gwybod mwy am agweddau naturiol a diwylliannol ceubyllau, efallai y bydd y cyhoeddiadau a restrir isod o ddiddordeb. Mae llawer yn ymwneud yn benodol â cheubyllau a ffurfiau cerfiedig cysylltiedig ac yn eithaf technegol, ond rydym hefyd yn cynnwys rhai sy'n rhoi trosolwg mwy cyffredinol o afonydd a geomorffoleg. Efallai y bydd rhai o'r adnoddau hyn yn help i gefnogi'r awgrymiadau am weithgareddau addysgol a amlinellir yn Adran 10.

Ceubyllau a geomorffoleg

Roedd y gyfrol ganlynol yn un o'r casgliadau cyntaf o bapurau gwyddonol a oedd yn canolbwyntio'n benodol ar brosesau a ffurfiau creigwely afonydd, gan gynnwys ceubyllau a nodweddion creigwely cerfiedig cysylltiedig:

- Tinkler, K.J. a Wohl, E.E. (Gol.) (1998). Rivers Over Rock: Fluvial Processes in Bedrock Channels, Geophysical Monograph Series, Cyfrol 107. American Geophysical Union: Washington DC, 323 pp.

Mae'r gyfrol ganlynol yn rhoi trosolwg cynhwysfawr o geubyllau a ffurfiau creigwely cerfiedig eraill, ac yn cyfeirio at lawer o astudiaethau gwyddonol hŷn:

- Richardson, K a Carling, P.A. (2005). A Typology of Sculpted Forms in Open Bedrock Channels, Special Paper 392. Geological Society of America: Boulder, Colorado, 108 pp.

Mae enghreifftiau o astudiaethau arbenigol mwy diweddar (h.y. ar ôl-2000) ar ystod o agweddau geomorffolegol a diwylliannol ceubyllau o wahanol leoliadau ledled y byd yn cynnwys:

- Álvarez-Vásquez, M.A. a De Uña-Álvarez, E. (2017). Inventory and assessment of fluvial potholes to promote geoheritage sustainability (Miño River, NW Spain). Geoheritage, 9: 549-560.

- Ji, S., Li, L. a Zeng, W. (2018). The relationship between diameter and depth of potholes eroded by running water. Journal of Rock Mechanics and Geotechnical Engineering, 10: 818-831.

- Kale, V.S. a Joshi, V.U. (2004). Evidence of formation of potholes in bedrock on human timescale: Indrayani river, Pune district, Maharashtra. Current Science, 86: 723-726.

- Odhiambo, B.D.O. a Manuga, M. (2017). Tshatshingo Pothole: a sacred Vha-Venda place with cultural barriers to tourism development in South Africa. African Journal of Hospitality, Tourism and Leisure, 6: 12 pp.

- Ortega, J.A., Gómez-Heras, M., Perez-López, R. a Wohl, E.E. (2014). Multiscale structural and lithologic controls in the development of stream potholes on granite bedrock rivers. Geomorphology, 204: 588-598.

- Pelletier, J.D., Sweeney, K.E., Roering, J.J. a Finnegan, N.J. (2015). Controls on the geometry of potholes in bedrock

- channels. Geophysical Research Letters, 42: 7 pp.

- Sengupta, S. a Kale, V.S. (2011). Evaluation of the role of rock properties in the development of potholes: a case study of the Indrayani knickpoint, Maharashtra. Journal of Earth System Science, 120: 157-165.

- Springer, G.S, Tooth, S. a Wohl, E.E. (2006). Theoretical modeling of stream potholes based upon empirical observations from the Orange River, Republic of South Africa. Geomorphology, 82: 160-176.

- Udomsak, S., Choowong, N., Choowong, M. a Chutakositkanon, V. (2021). Thousands of potholes in the Mekong River and giant pedestal rock from north-eastern Thailand: introduction to a future geological heritage site. Geoheritage, 13: 17 pp.

- Whipple, K.X., Snyder, M.P. a Dollenmayer, K. (2000). Rates and processes of bedrock incision by the Upper Ukak River since the 1912 Novarupta ash flow in the Valley of Ten Thousand Smokes, Alaska. Geology, 28: 835-838.

Ceubyllau ac ecoleg

Hyd y gwyddom, mae astudiaethau arbenigol o geubyllau ac ecoleg yn llai cyffredin, ond un enghraifft sy'n seiliedig ar ymchwiliadau i Afon Wubu ger Dinas Chongqing, Tsieina, yw:

- Ren, H., Yuan, X., Yue, J., Wang, X. a Liu, H. (2016). Potholes of mountain rivers as biodiversity spots: structure and dynamics of the benthic invertebrate community. Polish Journal of Ecology, 64: 70-83.

Llyfrau cyffredinol ar afonydd

Mae nifer o lyfrau am geomorffoleg ac ecoleg afonydd wedi'u cyhoeddi dros y degawdau diwethaf. Mae llawer wedi'u hanelu'n bennaf at fyfyrwyr israddedig prifysgol ac maent yn tueddu i ganolbwyntio mwy ar afonydd llifwaddodol yn hytrach nag afonydd creigwely neu greigwely-llifwaddodol cymysg. Serch hynny, maent yn cynnwys trosolwg defnyddiol a allai fod o gymorth i'r rhai sy'n dymuno dysgu am afonydd yn fwy cyffredinol. Mae enghreifftiau yn cynnwys:

- Knighton, D. (1998). Fluvial Forms and Processes: A New Perspective (2il argraffiad). Hodder Arnold: Llundain, 400 pp.

- Gordon, N.D., McMahon, T.A., Finlayson, B.L., Gippel, C.J. a Nathan, R.J. (2004). Stream Hydrology: An Introduction for Ecologists (2il argraffiad). John Wiley and Sons: Chichester, 448 pp.

Llyfrau natur ac ecoleg

Mae nifer o lyfrau yn rhoi cyflwyniadau da i ecoleg dŵr croyw cyffredinol, gyda rhai yn cynnwys canllawiau maes. Mae enghreifftiau 'clasurol' a mwy diweddar yn cynnwys:

- Greenhalgh, M. a Ovenden, D. (2007). Freshwater Life: Britain and Northern Ireland (Collins Pocket Guide). HarperCollins, Llundain 256 pp.

- Hynes, H.B.N. (1970). Ecology of Running Waters. University of Toronto Press: Toronto, 569 pp.

- Giller, P.S. a Malmqvist, B. (1998). The Biology of Streams and Rivers (Biology of Habitats). Oxford University Press: Rhydychen, 296 pp.

Llyfrau am dirweddau afonol yng Nghymru
Mae llawer o lyfrau yn cynnwys ffotograffau gwych sy'n darlunio golygfeydd syfrdanol Cymru ond mae'r cynnwys geomorffolegol – mewn geiriau eraill, yr esboniad o'r wyddoniaeth y tu ôl i'r golygfeydd – yn tueddu i fod yn gyfyngedig. Mae'r llyfr canlynol yn eithriad ac yn canolbwyntio ar 100 o dirweddau mwyaf rhyfeddol Cymru, ac sy'n asio daeareg a geomorffoleg â gwybodaeth am ecoleg, hanes, llenyddiaeth a chysylltiadau diwylliannol eraill. Mae hyn yn cynnwys nifer o leoliadau afonydd gyda cheubyllau a phlymbyllau, gan gynnwys Ffos Anoddun ger Betws-y-Coed yng Nghonwy, Pistyll Rhaeadr ger Llanrhaeadr-ym-Mochnant ym Mhowys, Sgwd Henryd-Nant Llech ger Ystradgynlais ym Mhowys, a Phorth yr Ogof ger Ystradfellte ym Mhowys:

- Elis-Gruffydd, D. (2014). 100 o Olygfeydd Hynod Cymru. Y Lolfa Cyf, Talybont, 312 pp.

Mae llyfrau cyffredinol eraill am afonydd Cymru yn cynnwys:

- Jones, J.L. (1986). The Waterfalls of Wales, Robert Hale Ltd, Llundain, 242 pp.

- Clissold, P., Laws, T. a Sladden, C. (2012). The Welsh Rivers: The Complete Guidebook to Canoeing and Kayaking the Rivers of Wales (2il argraffiad). Chris Sladden Books, Westbury sub Mendip Wells, Gwlad yr Haf 328 pp.

Adnoddau eraill, gan gynnwys ar-lein
Mae cyfoeth o adnoddau ar y we am geubyllau, afonydd a geomorffoleg yn gyffredinol, gan gynnwys llawer o fideos sy'n dangos pŵer afonydd sy'n llifogi i siapio'r dirwedd. Mae rhai adnoddau sydd wedi'u targedu'n benodol at geubyllau a nodweddion cysylltiedig yn cynnwys:

Ffurfio ceubyllau:
https://timeforgeography.co.uk/videos_list/rivers/formation-of-potholes/
https://www.bbc.co.uk/bitesize/clips/zqnqxnb

Rhaeadrau, plymbyllau a cheubyllau:
https://www.bbc.co.uk/bitesize/clips/zqnqxnb

Rhaeadrau a cheunentydd, erydiad a gwaddodiad (yn dilyn Afon Conwy):
https://www.bbc.co.uk/programmes/p00xptzz

Mae llyfryn (gyda taith sain yn cydfynd ag e) ar gyfer un o brif raeadrau Cymru a cheubyllau godidog ar gael:

- Tooth, S., Griffiths, H.M. a Llywelyn, S. (2017). Atyniadau Naturiol Tirwedd Pontarfynach: Atebion i 10 Cwestiwn Cyffredinol, a'r daith sain ar gael yma: http://devilsbridgefalls.co.uk/nature-geomorphology/

Mae canllaw i agweddau naturiol a diwylliannol cymoedd

Ystwyth, Elan, Clywedog a Dyfi, gan gynnwys awgrym o weithgareddau yn seiliedig ar y ceubyllau a'r ceunant sy'n dod i'r amlwg o bryd i'w gilydd ym Mhont Hyllfan ar Afon Elan ar gael:

- Tooth, S., Griffiths, H.M., Busfield, M., Llywelyn, S. a Thomas, A.D. (2018), Communicating Geoscience (Geomorphology and Quaternary Science): Guide to the Mid Wales Fieldtrip, Cyfarfod Blynyddol Cymdeithas Geomorffoleg Prydain, Prifysgol Aberystwyth, 10-14 Medi 2018, 57 pp.

Mae taith StoryMap o Gwm Elan, gan gynnwys Pont Hyllfan ar gael:

- Llywelyn, S. (2019). Taith Cwm Elan. https://www.elanvalley.org.uk/node/248905?language=cy

Mae gan wefan Cymdeithas Geomorffoleg Prydain adnoddau amrywiol, gan gynnwys llyfryn lliw ar-lein sy'n amlinellu pam mae geomorffoleg yn bwysig:

- Griffiths, H.M. (2016). 10 Rheswm pam mae Geomorffoleg yn Bwysig. Ar gael yma: http://geomorphology.org.uk/what-geomorphology

Mae'r llyfryn yn gyfieithiad o:

- Tooth, S. a Viles, H.A. (2014). 10 Reasons why Geomorphology is Important. Cynhyrchwyd ar ran Cymdeithas Geomorffoleg Prydain. Ar gael yma: http://www.geomorphology.org.uk/what-geomorphology

Cynhyrchwyd fersiwn o'r llawlyfr uchod yn benodol ar gyfer tirlun Cymru hefyd:

- Tooth, S. a Griffiths, H.M. (2018). 10 Reasons Why the Geomorphology of Wales is Important. Llyfryn a gynhyrchwyd ar gyfer Cyfarfod Blynyddol Cymdeithas Geomorffoleg Prydain, Prifysgol Aberystwyth, 10-14 Medi 2018.

Lluniau o'r awyr a mapio

Mae llawer o adnoddau yn rhoi mynediad i luniau o'r awyr o dirweddau afonydd neu i fapiau a fydd yn help i osod lleoliadau penodol yn eu cyd-destun, gan gynnwys hydoedd afonydd Cymru lle ceir hyd i geubyllau (gweler Adran 7). Mae enghreifftiau yn cynnwys:

- Google Earth: https://www.google.co.uk/intl/en_uk/earth/

- Google Maps (gan gynnwys mapiau a lluniau o'r awyr): https://www.google.co.uk/maps/

- Streetmap (gan gynnwys mapiau'r Arolwg Ordnans ar raddfeydd gwahanol): https://www.streetmap.co.uk/

- Mapio Cymru: https://openstreetmap.cymru

- Geology of Britain (gan gynnwys mapiau daearegol ar raddfa 1:50 000): https://mapapps.bgs.ac.uk/geologyofbritain/home.html

Tud 116 a 117:
Ffigur 9.1: Afon Gwy, i'r de o Lanfair-ym-Muallt, Powys (DR).

ADRAN 10

• AWGRYMIADAU AM WEITHGAREDDAU ADDYSGOL •

Mae afonydd creigwely ac afonydd creigwely-llifwaddodol cymysg â cheubyllau amlwg a nodweddion cysylltiedig yn lleoliadau rhagorol lle gellir gwneud gweithgareddau hwyliog ac addysgol.

Fel yr ydym wedi ceisio dangos yn y llyfr hwn, mae cerhyntau amrywiol geomorffoleg afonydd, ecoleg, hanes cymdeithasol a diwylliant yn cydblethu ar hyd hydoedd afonydd lle ceir hyd i geubyllau (Adrannau 1 i 5), a gall treulio amser yn yr hydoedd hyn fod o fudd mawr i iechyd a chynnig ystod o gyfleoedd dysgu anffurfiol (Adran 6). Gellir dyfeisio gweithgareddau addysgol mwy ffurfiol ar gyfer pob oed, ond isod rydym yn canolbwyntio ar y rhai y gallai athrawon, rhieni a gwarcheidwaid plant eu cyflawni orau, gyda'r gobaith o ysbrydoli a rhyfeddu'r genhedlaeth nesaf a magu teimlad o barch a gofal dros dirweddau. Mewn ysgolion, nid oes angen cyfyngu'r gweithgareddau hyn i wersi pwrpasol daearyddiaeth, bioleg neu hanes, ond gallant dorri ar draws gwersi gwahanol. Fel arall, gellir eu defnyddio fel gweithgareddau hwyliog wrth fynd ar daith gyda'r teulu. Mae'n well gwneud mwyafrif y gweithgareddau yn yr awyr agored mewn lleoliadau ar afonydd gyda cheubyllau (gweler Adran 7), ond gellid gwneud eraill dan do neu ar-lein, efallai cyn neu ar ôl ymweld â lleoliadau o'r fath. Gellir cefnogi rhai gweithgareddau trwy ystyried geirfa (Adran 8) ac adnoddau eraill, gan gynnwys cyhoeddiadau, fideos ac animeiddiadau (Adran 9).

CEUBWLL

Pant wedi ei erydu yng ngwely neu waliau sianel sydd wedi ei ffurfio mewn swbstrad cydlynus fel creigwely neu glai; fel arfer yn ddyfnach na'i led, â siap silindr, ond a all fod mewn siapiau cymhleth

Ffigur 10.1: Enghraifft o ddiffiniad o geubwll (o Wohl, E.E. (2013). Field and laboratory experiments in fluvial geomorphology. Yn: Shroder, J. (Prif olygydd) a Wohl, E.E. (Gol.), Treatise on Geomorphology. Academic Press, San Diego, CA, Cyfrol 9, Fluvial Geomorphology, pp.679-693).

GWEITHGAREDDAU AWYR AGORED

- Arsylwch, disgrifiwch, brasluniwch a thynnwch luniau o geubyllau. Disgrifiwch eu ffurfiau (eu siâp o'r awyr) a'u gwead/graen/sut y maent yn teimlo. Sawl math gwahanol o geubyllau sydd? Faint sy'n cydymffurfio â diffiniadau gwyddonol nodweddiadol o geubyllau (gweler Ffigur 10.1); er enghraifft, o ran siâp silindr nodweddiadol?

- Mesurwch feintiau ceubyllau (lled/diamedr, dyfnder). Pa heriau sydd wrth wneud y mesuriadau hyn? A yw ceubyllau yn tueddu i fod yn ddyfnach na'u lled, neu'n lletach na'u dyfnder?

- Chwiliwch am dystiolaeth o amodau llif y gorffennol. Pa mor uchel mae llifogydd yn cyrraedd? A oes unrhyw geubyllau uwchlaw lefel y llifogydd presennol, ac os felly, beth ydych chi'n meddwl sy'n digwydd i'r ceubyllau yma a 'adawyd ar ôl'? Yn eich barn chi, faint o geubyllau a ffurfiwyd ar lefelau uwch ac a gollwyd wrth i'r afon erydu'n ddyfnach i'r graig?

- Disgrifiwch y gwaddod yn y ceubyllau. Pa mor fawr yw'r gwaddod: ai clai, silt, tywod neu raean yw'r disgrifiad gorau ohono? Ar gyfer unrhyw raean, disgrifiwch eu ffurfiau (siapiau o'r awyr/uwchben) a gwead: a yw'r graean yn tueddu i fod yn onglog neu'n grwn, ydyn nhw'n dueddol o fod yn arw neu'n llyfn? Faint o wahanol fathau o graig sy'n bresennol ymhlith y graean?

- Disgrifiwch a nodwch y math o graig lle mae'r ceubyllau wedi cael eu herydu. Pa mor galed yw'r graig? A yw'n llyfn neu'n arw? A yw ceubyllau yn tueddu i fod yn gysylltiedig â chymalau, holltau neu graciau? Os felly, sut mae'r nodweddion hyn wedi effeithio ar siapiau a meintiau ceubyllau? Sut ydych chi'n meddwl y bydd y tyllau hyn yn parhau i dyfu yn y dyfodol?

- Os ydych chi'n ailymweld â lleoliad afon gyda cheubyllau, tynnwch luniau o'r un persbectif, yn enwedig ar ôl llifogydd. Allwch chi sylwi ar unrhyw newidiadau (e.e. ym maint a siâp ceubyllau, cyfaint a math y gwaddod, neu ecoleg) ar ôl llifogydd?

- Arsylwch ac adnabyddwch y planhigion sy'n tyfu mewn ceubyllau neu'n agos atynt (os oes angen, defnyddiwch lyfr cyfeirio neu ap ffôn clyfar e.e. PictureThis). Pam ydych chi'n meddwl bod y planhigion hynny'n tyfu yno? Sut maen nhw wedi addasu i'r amodau llif a chyflenwad gwaddod?

- Gan fod yn ofalus, arsylwch a nodwch unrhyw ffawna sy'n byw yn y ceubyllau neu'n agos atynt, yn enwedig macroinfertebratau. Faint o rywogaethau gwahanol sy'n bresennol? Sut ydych chi'n meddwl eu bod yn goroesi yn ystod llif uchel (yn enwedig llifogydd mawr) a llifoedd isel (yn enwedig sychder)?

- Ar gyfer ceubyllau bychain 'agored' heb unrhyw waddod, fflora neu ffawna, gwnewch gastiau (e.e. gan ddefnyddio clai).

- Defnyddiwch gynifer o'ch synhwyrau â phosibl (gweld, clywed, cyffwrdd, arogli, blasu) i archwilio un ceubwll neu gyfres o geubyllau. Pan fyddwch mewn lleoliad, ysgrifennwch ddisgrifiad byr neu gerdd (150 gair neu lai) sy'n cyfleu eich teimladau.

GWEITHGAREDDAU DAN DO NEU AR-LEIN

- Plotiwch unrhyw fesuriadau maes o feintiau ceubyllau (lled/diamedr, dyfnder) ar graffiau (e.e. graffiau llinell, histogramau amledd). Cyfrifwch rai ystadegau syml am y ceubyllau (e.e. lled a dyfnder cymedrig, amrediadau lled a dyfnder, cymarebau lled-dyfnder). A yw'r graffiau a'r ystadegau'n cadarnhau eich argraffiadau gweledol yn y maes o ran a yw ceubyllau yn tueddu i fod yn ddyfnach na'u lled, neu'n lletach na'u dyfnder?

- Cymharwch fesuriadau maes a graffiau o feintiau ceubyllau (lled/diamedr, dyfnder) o wahanol leoliadau ar yr un afon, neu leoliadau ar afonydd gwahanol. Beth yw'r tebygrwydd a'r gwahaniaethau, a beth allai esbonio'r tebygrwydd a'r gwahaniaethau hyn?

- Defnyddiwch offer yn Google Earth i ddisgrifio agweddau eraill ar leoliadau ceubyllau (e.e. mesuriadau lled ac uchder rhaeadrau neu led a dyfnder ceunentydd). Pa heriau sydd wrth wneud y mesuriadau hyn? Sut mae'r mesuriadau hyn yn cymharu â meintiau 'swyddogol' rhaeadrau a cheunentydd (e.e. fel y nodir mewn llyfrau ymwelwyr, gwefannau swyddogol, neu hysbysfyrddau ar y safle).

- Cymharwch eich ffotograffau maes o geubyllau, rhaeadrau a cheunentydd â ffotograffau hanesyddol (e.e. gweler enghreifftiau o geubyllau Pont Hyllfan yn: http://geoscenic.bgs.ac.uk/asset-bank/action/viewHome). Allwch chi weld unrhyw wahaniaethau mewn maint neu siâp?

- Ysgrifennwch ddiffiniadau a chynhyrchwch gyfres o ddiagramau anodedig i ddangos prosesau datblygiad ceubwll, rhaeadr neu geunant.

- Cynlluniwch, dyluniwch a gwnewch gyfres o fodelau ffisegol (e.e. mewn clai) yn dangos datblygiad ceubwll, rhaeadr neu geunant.

- Gwnewch animeiddiad fideo byr (2D neu yn ddelfrydol, 3D) sy'n defnyddio'r diffiniadau, diagramau a modelau hyn i ddangos newid dros amser.

- Gan ystyried y newidiadau hyn, pryd mae ceubwll yn peidio â bod yn geubwll (e.e. ceubyllau sy'n cyfuno yn y broses o ddatblygu ceunant)? Allwn ni ddiffinio diwedd 'cylch bywyd' ceubwll?

- A wyddoch chi am unrhyw enwau lleol neu ranbarthol ar gyfer ceubyllau neu nodweddion cysylltiedig? Allwch chi ddyfeisio rhai (e.e. 'corddwr cerrig')?

- Ysgrifennwch rai geiriau ac ymadroddion sy'n gysylltiedig â cheubyllau a'u gosod y tu mewn i fodel ffisegol neu rithwir o geubwll. I hwyluso'r dasg yma, defnyddiwch thesawrws i ddod o hyd i gyfystyron ar gyfer geiriau perthnasol fel 'erydu' a 'cherflunio', a defnyddiwch ddyfeisiadau fel cyflythreniad (e.e. 'creigiau crwn') ac onomatopeia (e.e. 'bwrlwm').

- Gan ddefnyddio diffiniadau nodweddiadol o geubyllau (Ffigur 10.1) neu eiriau sy'n berthnasol i geubyllau fel 'erydiad', 'gwaddod' a 'fortecs' (gweler Adran 8), meddyliwch am ffyrdd o'u hysgrifennu neu dynnu llun i ddangos eu hystyr. Er enghraifft, a ellid aildrefnu siâp y geiriau yn Ffigur 10.1 i gynrychioli gwahanol fathau o geubyllau (e.e. llydan a bas, cul a dwfn) a/neu a ellid ychwanegu geiriau ychwanegol neu amnewid geiriau eraill? Gyda'ch geirfa efallai y gallwch newid siâp geiriau (e.e. cromliniau neu gylchoedd; gellid defnyddio saethau i nodi cyfeiriad 'llif' geiriau). Gellir gwneud hyn gan ddefnyddio pensel a phapur, neu ddefnyddio offer yn Microsoft Word neu feddalwedd cyfatebol (Ffigur 10.2).

Sgrafelliad

Ffigur 10.2: Enghraifft o gelf geiriau y gellid ei wneud yn gysylltiedig â cheubyllau (DR).

- Ysgrifennwch gerdd (e.e. haicw, pennill telyn, neu gerdd rydd) am geubyllau, rhaeadrau neu geunentydd, neu nodwedd afonol arall (Ffigurau 10.3-10.5).

> **C**reigiau cerfiedig,
> **E**gni ewyn
> **U**nedig yn
> **B**erwi,
> **W**edyn, gwacter
> **Ll**onydd y twll.

Ffigur 10.3: Enghraifft o gerdd acrostig am geubyllau (HG). Mewn cerdd acrostig mae llythyren gyntaf pob llinell yn ddechrau gair neu ymadrodd.

> Pan fo'r eog wrthi'n neidio
> Dros y sgydau, dewch i'w wylio
> Un wrth un yn dringo'r grisie
> Yn ddiflino tuag adre.

Ffigur 10.4: Enghraifft o bennill telyn am eogiaid yn neidio dros raeadrau (HG). Pennill pedwar llinell yw pennill telyn, gydag un ai llinell 1 a 2, a llinell 3 a 4 yn odli, neu'r holl linellau'n odli.

CEUBWLL
> Creigiau mewn crochan
> a'r cerrynt yn eu corddi,
> eu llif yn llyfnhau.

Ffigur 10.5: Enghraifft o haicw am geubwll (HG). Mesur barddonol o Siapan yw haicw, yn cynnwys 17 sill, fel arfer wedi eu trefnu 5-7-5.

- Defnyddiwch feddalwedd cyflwyno (e.e. Microsoft Power Point neu debyg) i wneud cerdd wedi'i hanimeiddio (h.y. testun symudol) neu gerdd ar ffurf weledol.

- Cynlluniwch ddawns i ddynwared agweddau geomorffolegol neu ecolegol ceubyllau (e.e. symud cerrig mân, symudiad eogiaid mudol) a dawnsiwch hi!

- Ysgrifennwch adroddiad myfyriol, personol o daith ddiweddar i leoliad afon gyda cheubyllau sy'n defnyddio rhai o'r synhwyrau gwahanol (gweld, clywed, cyffwrdd, arogli, blasu) neu bob un, neu wnewch lun gyda phensel neu baent i gyfleu rhai o'r synhwyrau hyn (Ffigur 10.6).

- Darllenwch a thrafodwch lyfrau taith, ysgrifau, cerddi neu hanesion eraill sy'n cyfeirio at geubyllau, rhaeadrau a cheunentydd. Defnyddiwch yr enghreifftiau â chysylltiadau Cymreig a ddarperir yn y llyfr hwn a/neu dewch o hyd i enghreifftiau eraill o Gymru a thu hwnt (e.e. adroddiadau John Wesley Powell am ei archwiliad o Afon Colorado a'i cheunentydd yn ne-orllewin yr Unol Daleithiau. Gweler: http://www.gutenberg.org/ebooks/8082 a https://archive.org/details/explorationofcol1961powe)

- Ar gyfer myfyrwyr na all ymweld â lleoliadau afonydd gyda cheubyllau, defnyddiwch dechnoleg ddigidol i helpu i egluro nodweddion geomorffolegol, ecolegol, hanesyddol neu ddiwylliannol allweddol lleoliad neu leoliadau penodol (e.e. defnyddiwch deithiau rhithiol yn Google Earth, neu ffilm fer sy'n esbonio agweddau ar leoliad ac sy'n defnyddio rhai o allbynnau a chanlyniadau'r gweithgareddau uchod).

- Defnyddiwch dechnoleg ddigidol i gynllunio taith dwristiaeth go iawn neu ddychmygol ar gyfer gwahanol grwpiau o bobl e.e. wythnos o wyliau yng Nghymru i deulu o bedwar (dau oedolyn, un plentyn ifanc, un plentyn hŷn) sy'n awyddus i weld ceubyllau, rhaeadrau a cheunentydd (gan gynnwys cerdded ceunentydd); pythefnos o wyliau yng Nghymru i gwpl hŷn anturus o orllewin yr Unol Daleithiau sydd eisiau crwydro yn ogystal ag ymweld â rhai o'r mannau twristaidd mwyaf poblogaidd; taith ysgol pum niwrnod gyda ffocws ar afonydd i wlad (neu wledydd neu ranbarthau) o'ch dewis.

- Gan ddefnyddio delweddau, darluniwch effeithiau pobl ar leoliadau afonydd gyda cheubyllau, rhaeadrau a cheunentydd (e.e. llygredd, rheoli llif).

- Ar gyfer Pont Hyllfan ar Afon Elan neu leoliad tebyg mewn man arall, ystyriwch sut mae lefel y gronfa ddŵr yn effeithio'n ddramatig ar ba nodweddion sydd i'w gweld a phryd. I helpu gyda'r dasg yma, efallai y gallwch ddefnyddio adnoddau ar-lein fel mapiau Llyfrgell Genedlaethol yr Alban lle gellir gweld map hanesyddol wrth ymyl lluniau modern o'r awyr (gweler https://maps.nls.uk/geo/explore/side-by-side/).

    Defnyddiwch eich astudiaeth achos fel sbardun ar gyfer trafodaethau ehangach am fanteision ac anfanteision argaeau a chronfeydd dŵr yng Nghymru a llefydd eraill. Sut allwn ni gadw'r ddysgl yn wastad o ran buddiannau cymdeithasol ac effeithiau negyddol cymdeithasol, geomorffolegol ac ecolegol argaeau? Pam bod rhai argaeau yn atyniadau ar gyfer ymwelwyr? Sut ydych chi'n teimlo am y dull marchnata yma?

Ffigur 10.6: Paentiad dyfrliw o geubyllau Bourke's Luck, De Affrica (Graham Tooth).

DIOLCHIADAU A BYWGRAFFIADAU

Cefnogwyd ein ymchwil i afonydd creigwely a chreigwely-llifwaddodol cymysg Cymru a thu hwnt dros y blynyddoedd gan nifer o sefydliadau ac unigolion. Mae Hywel a Stephen yn ddiolchgar am gefnogaeth ariannol ac ymarferol gan sefydliadau yn cynnwys: Adran Daearyddiaeth a Gwyddorau Daear (ADGD) Prifysgol Aberystwyth, Prifysgol y Witwatersrand yn Ne Affrica, Cymdeithas Geomorffoleg Prydain (British Society for Geomorphology), y Coleg Cymraeg Cenedlaethol, Ymddiriedolaeth Addysgol Elusennol Joy Welch, a'r Cyngor Ymchwil Amgylcheddol Cenedlaethol (Natural Environmental Research Council – NERC). Rydym yn ddiolchgar hefyd i Dr Janet Richardson a Dr Sioned Llywelyn am am eu hastudiaethau ôl-radd ar agweddau ar brosesau afonydd creigwely Cymru a hyrwyddo geodreftadaeth, sydd wedi cyfrannu at agweddau o gynnwys ac arddull y llyfr, ac rydym yn diolch i gydweithwyr yn ADGD a thu hwnt am drafodaethau gwerthfawr. Rhoddodd Dr Tris Irvine-Fynn a Dr Julian Ruddock ganiatâd caredig inni gynnwys rhai o'u lluniau o afonydd a cheubyllau, ac rydym yn cydnabod cymorth Antony Smith a Gareth Edwin wrth lunio rhai o'r ffigurau. Rydym hefyd yn ddiolchgar iawn i Myrddin ap Dafydd, Eleri Owen, dylunydd y llyfr, a Gwasg Carreg Gwalch am eu gofal am y llyfr. Ni biau unrhyw gamgymeriadau, wrth gwrs. Yn olaf, rydym yn diolch i'n teuluoedd am eu cefnogaeth yn ystod ein teithiau mynych i afonydd Cymru ac am fod yn barod i gynnig clust i rai o'r syniadau yr ydym yn eu trafod: Carys, Gwenno, Hamish, Maggie, Alaw, Lleucu, Morgan.

Dewi Roberts; llun isaf gan Lisa Barlow

BYWGRAFFIADAU

Dewi Roberts

Mae Dewi Roberts wedi ymddiddori mewn afonydd ers yn blentyn ac mae'n angerddol am eu geomorffoleg, bywyd gwyllt a'u hanes. Ymhyfryda ym mherthynas pobl ag afonydd, yn greadigol ac yn emosiynol a'r straeon a'r chwedlau sy'n gysylltiedig â nhw. Mae'n mwynhau tynnu lluniau a ffilmio afonydd, yn enwedig yn ucheldiroedd prydferth Cymru ac mae wedi arbenigo mewn ffotograffiaeth tanddwr; mae snorclio hefyd yn ei helpu i weld yn ddyfnach i'r byd dŵr croyw hudolus. Caiff ei adnabod fel 'Dyn yr Afon', mae ei waith wedi ymddangos ar y BBC ac S4C a chafodd sylw yn ddiweddar ar Springwatch. Mae'n archwilio afonydd bob dydd ac ym mhob tywydd gan gynnwys, ar adegau, gyda'i ferched. Hoffa weld nodweddion fel ceudyllau fel cerfluniau naturiol ac mae wedi gweld miloedd ar filoedd ohonyn nhw ledled Cymru a thu hwnt. Mae gan Dewi ddiddordeb arbennig mewn sut mae bywyd gwyllt yn addasu i fyw mewn afonydd a nentydd yn ogystal â'r hydrodynameg sy'n gysylltiedig â llif a chydadwaith prosesau afonol. Ystyria ei hun yn hynod lwcus i gael perthynas mor gryf ag afonydd ac mae'n gwybod o brofiad am y manteision enfawr i iechyd a lles sy'n dod o fod yn eu presenoldeb.

Hywel Griffiths

Mae Hywel Griffiths yn Ddarllennydd mewn Daearyddiaeth Ffisegol yn Adran Daearyddiaeth a Gwyddorau Daear Prifysgol Aberystwyth, ac o ran ei waith ymchwil a dysgu mae'n arbenigo mewn geomorffoleg afonol, cofnodion hanesyddol ac effeithiau llifogydd a sychder, cyfathrebu gwyddoniaeth a daearyddiaeth greadigol. Mae hefyd yn fardd ac yn awdur. Ysbrydolwyd ei ddiddordeb mewn afonydd yn gynnar, wrth dreulio amser yn crwydro a chwarae ar lannau nentydd bychain cefn gwlad Sir Gâr. Mae wedi bod yn ffodus i allu parhau i grwydro afonydd Cymru, Iwerddon, Sbaen, Creta, Patagonia a'r Iorddonen fel rhan o'i waith ac mae pob un taith pell ac agos yn ysbrydoli ei waith creadigol, hyd yn oed y daith fer wrth fynd â'r ci am dro ar hyd glannau Afon Rheidol.

Stephen Tooth

Mae Stephen Tooth yn Athro Daearyddiaeth Ffisegol yn Adran Daearyddiaeth a Gwyddorau Daear Prifysgol Aberystwyth. Mae ei ddiddordebau ymchwil ac addysgu yn ymwneud yn bennaf ag ail-greu newidiadau tirwedd y gorffennol, asesu cyfraddau newidiadau tirwedd heddiw, a rhagamcanu newidiadau tirwedd posibl yn y dyfodol o ganlyniad i amrywioldeb hinsawdd a gweithgareddau pobl. Mae'r prif ffocws ar rôl afonydd yn newid tirwedd ac mae'n teimlo'n freintiedig o fod wedi teithio'n eang o amgylch y byd yn edrych ar afonydd yn eu holl amrywiaeth. Yn ystod y blynyddoedd diwethaf, mae wedi ymwneud â gweithgareddau sy'n hyrwyddo rôl amryiwol fathau o gelfyddyd mewn dadleuon am newid hinsawdd byd-eang a'r Anthroposen, cyfnod newydd arfaethedig o amser daearegol sy'n cydnabod effaith y ddynoliaeth ar weithrediad system y Ddaear. Mae'r gweithgareddau hyn wedi cynnwys cyd-drefnu cynadleddau, goruchwyliaeth PhD, gweithdai celf-gwyddoniaeth, a sgyrsiau cyhoeddus. Mae'n mwynhau archwilio afonydd a thirweddau Cymru gyda theulu a ffrindiau, gan fod hyn bob amser yn ysgogi safbwyntiau ffres a ffynonellau newydd o ysbrydoliaeth.

Hywel Griffiths

Stephen Tooth

Trosodd: Ceubyllau ar Afon Dulas (ogleddol), ger y ffin rhwng Gwynedd a Phowys (DR).